使用 HTML 和 CSS 开发 Web 网站

罗俊海　郑龙 编著

U0364329

清华大学出版社

北京

内 容 简 介

本书从 HTML 程序设计初学者的角度出发,对 HTML 语言的概念和技术等基础内容进行了全面、详细的讲解。全书共分 10 章、10 个上机实操,主要包括 HTML 概述与基本标签、表格与列表、表单与表单元素、框架集与框架、CSS 层叠样式表、常用的 CSS 样式、Web 标准与布面布局基础、CSS 实现典型布局、使用 Dreamweaver 制作网页、使用 Dreamweaver 管理样式和模板等内容,且每章都配有丰富的实例、要点和作业,帮助读者理解和掌握书中的内容。

本书适合作为计算机相关专业"HTML 程序设计"课程的培训教材,也可作为程序设计员或对 HTML 编程感兴趣的读者的入门参考书,还可供网站开发爱好者和自学 HTML 编程的读者使用。

图书在版编目(CIP)数据

使用 HTML 和 CSS 开发 Web 网站/罗俊海,郑龙编著. —北京:清华大学出版社,2018
ISBN 978-7-302-50405-4

Ⅰ. ①使… Ⅱ. ①罗… ②郑… Ⅲ. ①超文本标记语言-程序设计 ②网页制作工具
Ⅳ. ①TP312.8 ②TP393.092.2

中国版本图书馆 CIP 数据核字(2018)第 123037 号

责任编辑:文 怡
封面设计:台禹微
责任校对:胡伟民
责任印制:沈 露

出版发行:清华大学出版社
　　　网　　址:http://www.tup.com.cn, http://www.wqbook.com
　　　地　　址:北京清华大学学研大厦 A 座　　　　　邮　编:100084
　　　社 总 机:010-62770175　　　　　　　　　　　邮　购:010-62786544
　　　投稿与读者服务:010-62776969, c-service@tup.tsinghua.edu.cn
　　　质量反馈:010-62772015, zhiliang@tup.tsinghua.edu.cn
　　　课件下载:http://www.tup.com.cn,010-62795954
印 刷 者:北京嘉实印刷有限公司
经　　销:全国新华书店
开　　本:185mm×260mm　　　　印　张:17　　　　字　数:415 千字
版　　次:2018 年 8 月第 1 版　　　　　　　　　　印　次:2018 年 8 月第 1 次印刷
定　　价:49.00 元

产品编号:078231-01

序 言

PREFACE

  时光荏苒，如白驹过隙，一转眼中国互联网已走过了 30 年的历程。回首过去，人工智能、云计算、移动支付这些互联网产物不仅迅速占据了我们的生活，刷新了我们对科技发展的认知，而且也提高我们的生活质量水平。人们谈论的话题也离不开这些，例如：人工智能是否会替代人类，成为工作的主要劳动力；数字货币是否会代替纸币流通于市场；虚拟现实体验到底会有多真实多刺激；就连开出租车的司机师傅都会在人机围棋大战的赛事上与你赌一把。从这些现象中不难发现，互联网的辐射面在不断变广，计算机科学与信息技术发展的普适性在不断变强，信息技术如化雨春风，润物无声地全面融入、颠覆了我们的生活。

  1987 年，我国网络专家钱天白通过拨号方式在国际互联网上发出了中国有史以来第一封电子邮件，"越过长城，走向世界"，从此，我国互联网时代开启。30 年间，人类社会仍然遵循着万物生长规律自然成长，但互联网的枝芽却依托人类的智慧于内部结构中野蛮扩延，并且每一次主流设备、主流技术的迭代速度明显加快，直到今天，人们的生活是"拇指在手机屏幕方寸间游走的距离，已经超过双脚走过的路程"。

  据估计，截至 2017 年 6 月，中国网民规模已达到 7.5 亿，占全球网民总数的五分之一，而且这个数字还在不断地增加。这是一个巨大的互联市场，可以得到我们所需要的内容：有可能是一个简单的 Web 页面，也有可能是一个复杂的应用程序。

  然而，面对快速发展的互联网，每一个互联网人亦感到焦虑，感觉它运转的速度已经快到我们追赶的极限。信息时刻在更新，科技不断被颠覆，想象力也一直被挑战，面对这些，人们感到不安的同时又对未来的互联网充满期待。

  互联网的魅力正在于此，恰如山之两面，一面阴暗晦涩，一面生机勃勃，一旦跨过山之巅，即是不一样的风景。就是这样的挑战会让人着迷，并甘愿为之付出努力。而这个行业还有很多伟大的事情值得去琢磨，去付出自己的匠心。

  本书从 HTML 程序设计初学者的角度出发，对 HTML 语言的概念和技术等基础内容进行了全面、详细的讲解。书中内容所涉及的知识点和相关信息，应了解并掌握，夯实基础，切不可急于求成；有相关经验、但了解不足的开发人员，也可从本书中找到许多不同领域的兴趣点和用法。本书实例内容选取市场流行应用项目或产品项目，并附有章后练习题，部分练习题模拟大型软件开发企业实例项目比较具体，其他练习题则较为通俗易懂，旨在普及读者对相应章节内容的理解程度，帮助读者巩固本章的内容。

  本书在编写过程中获得了国家自然科学基金委员会与中国民用航空局联合资助项目 (U1733110)、中央高校基本科研业务费专项资金（2672018ZYGX2018J018）、湖南省科学"十三五"规划课题(XJK016BGD009)、湖南省教学改革研究课题(2015001)、湖南省自然科学基金(2017JJ1012)、国家自然科学基金(71371067)的资助,并得到了电子科技大学、湖南大学、国防科技大学、佛山科学技术学院和深圳华大乐业教育科技有限公司等领导的大力支持,同时参考了一些相关著作和文献,在此深表感谢。

　　本书在撰写过程中得到了周忠宝、何敏藩、邢立宁、姚锋、叶昭晖、邓劲生、姚煊道、邹伟、王浩、张章、肖丹、蔡琴、付艳和周滔等编委老师的帮助,在此向这些老师深表感谢。

　　未来互联网信息技术已扑面而来,汹涌胜于往昔,你做好准备了吗?

编　者

2018 年 5 月

CONTENTS

理 论 部 分

第 1 章　HTML 概述与基本标签 ·· 3

1.1　Web 概述 ··· 3

1.2　HTML 超级文本标记语言 ·· 5

　　1.2.1　HTML 简介 ·· 5

　　1.2.2　HTML 发展 ·· 5

　　1.2.3　基本结构 ·· 5

　　1.2.4　编辑工具 ·· 6

1.3　页面主体背景设置 ··· 8

　　1.3.1　设置网页的背景颜色 ·· 8

　　1.3.2　设置网页的背景图片 ·· 9

1.4　常用的 HTML 标签 ·· 10

　　1.4.1　换行标签 ·· 10

　　1.4.2　字体标签 ·· 11

　　1.4.3　段落排版标签 ··· 12

　　1.4.4　字体样式标签 ··· 13

　　1.4.5　水平线标签 ·· 14

　　1.4.6　标题标签 ·· 15

　　1.4.7　图像标签 ·· 16

　　1.4.8　超链接标签 ·· 16

　　总结 ··· 20

　　课后习题 ··· 21

第 2 章　表格与列表 ··· 25

2.1　表格基础 ··· 25

　　2.1.1　为什么要使用表格 ·· 26

　　2.1.2　表格的基本结构 ··· 26

　　2.1.3　表格的基本语法 ··· 26

2.2　跨行跨列的表格 ·· 27

　　　　2.2.1　跨列 ··· 28
　　　　2.2.2　跨行 ··· 29
　　　　2.2.3　跨行、跨列 ·· 30
　　2.3　表格的高级用法 ·· 31
　　2.4　列表 ··· 33
　　　　2.4.1　无序列表 ·· 33
　　　　2.4.2　有序列表 ·· 34
　　　　2.4.3　定义列表 ·· 34
　　　　2.4.4　菜单列表 ·· 35
　　　　2.4.5　目录列表 ·· 36
　　2.5　制作滚动效果 ·· 36
　　　　2.5.1　滚动文字 ·· 36
　　　　2.5.2　设置滚动方向 ·· 37
　　　　2.5.3　设置滚动其他属性 ·· 37
　　　　2.5.4　滚动图片 ·· 38
　　2.6　层 ··· 38
　　　　2.6.1　层的基本概念 ·· 38
　　　　2.6.2　插入层 ··· 39
　　总结 ·· 40
　　课后习题 ·· 40

第 3 章　表单与表单元素 ·· 45

　　3.1　表单 ··· 46
　　　　3.1.1　表单的组成 ··· 46
　　　　3.1.2　表单标签< form ></form > ··· 46
　　3.2　表单元素 ··· 47
　　　　3.2.1　< input />标签 ·· 47
　　　　3.2.2　< textarea ></textarea >标签 ·· 51
　　　　3.2.3　< select ></select >及< option ></option > ···································· 53
　　　　3.2.4　< button ></button >标签 ··· 55
　　　　3.2.5　< label ></label >标签 ··· 56
　　　　3.2.6　< fieldset ></fieldset >及< legend ></legend >标签 ························· 58
　　3.3　表单的属性与表单的提交 ·· 61
　　　　3.3.1　表单的属性 ··· 61
　　　　3.3.2　表单的提交 ··· 63
　　总结 ·· 65
　　课后习题 ·· 65

第 4 章 框架集与框架 ···································· 69

4.1 框架与框架集的关系 ·························· 69

　　4.1.1 为何使用框架 ························ 70

　　4.1.2 框架集的基本结构 ···················· 70

　　4.1.3 框架集的属性 ······················ 73

　　4.1.4 框架的属性 ························ 73

4.2 框架集的嵌套 ····························· 74

4.3 窗口间的关联 ····························· 75

4.4 ＜iframe＞内嵌框架 ························· 76

　　4.4.1 ＜iframe＞的用法 ···················· 76

　　4.4.2 ＜iframe＞的属性 ···················· 77

总结 ··································· 77

课后习题 ································ 78

第 5 章 CSS 层叠样式表 ······························ 82

5.1 CSS 样式表 ····························· 83

　　5.1.1 CSS 是什么 ······················· 83

　　5.1.2 CSS 的作用 ······················· 83

5.2 CSS 样式规则声明 ·························· 84

5.3 选择器的分类 ····························· 86

　　5.3.1 标签选择器 ························ 86

　　5.3.2 类选择器 ························· 87

　　5.3.3 ID 选择器 ························· 89

　　5.3.4 伪类选择器 ························ 90

　　5.3.5 伪元素选择器 ······················ 93

　　5.3.6 上下文选择器 ······················ 93

　　5.3.7 群组选择器 ························ 95

5.4 如何应用样式 ····························· 96

　　5.4.1 三种样式表写法 ····················· 96

　　5.4.2 CSS 样式表的优先级 ··················· 97

总结 ··································· 98

课后习题 ································ 98

第 6 章 常用的 CSS 样式 ···························· 100

6.1 颜色与背景 ····························· 101

6.2 文本 ······························· 106

6.3 字体 ······························· 109

6.4 边框 ······························· 111

6.5　列表 ··· 114

6.6　其他杂项 ·· 117

总结 ··· 119

课后习题 ··· 119

第7章　Web 标准与页面布局基础 ··· 121

7.1　Web 标准 ··· 121

7.1.1　结构标准 ·· 122

7.1.2　表现标准 ·· 122

7.1.3　行为标准 ·· 122

7.1.4　CSS 的验证 ·· 123

7.2　XHTML ··· 123

7.3　CSS 中的盒状模型 ·· 125

7.3.1　盒状模型 ·· 125

7.3.2　margin(外边距) ·· 127

7.3.3　border(边框) ·· 129

7.3.4　padding(内边距) ··· 129

7.3.5　宽高及实际占位 ·· 131

7.3.6　溢出 ··· 132

7.4　元素的定位 ··· 133

7.4.1　CSS 定位的原理 ·· 133

7.4.2　绝对定位 ·· 134

7.4.3　相对定位 ·· 136

7.4.4　固定定位 ·· 137

7.5　层次堆叠 ·· 139

总结 ··· 141

课后作业 ··· 141

第8章　CSS 实现典型布局 ··· 143

8.1　浮动 ··· 143

8.2　清除浮动 ·· 147

8.3　实现典型布局 ·· 150

8.3.1　一列式布局 ··· 150

8.3.2　两列式布局 ··· 151

8.3.3　三列式布局 ··· 153

8.3.4　三行三列式布局 ··· 155

8.4　典型的局部布局 ·· 159

8.4.1　div-ul-li 局部布局 ··· 159

8.4.2　div-dl-dt-dd 局部布局 ·· 161

总结 ·· 163

课后习题 ·· 164

第 9 章 使用 Dreamweaver 制作网页 ································· 166

9.1 Dreamweaver 简介 ··· 166

9.1.1 DreamWeaver CS4 的功能和特点 ············· 166

9.1.2 Dreamweaver CS4 的工作界面 ················· 167

9.2 站点的创建与管理 ··· 168

9.2.1 新建站点 ·· 169

9.2.2 管理站点文件 ·· 170

9.3 创建和编辑常见的网页元素 ·································· 172

9.4 表格及列表操作 ··· 176

9.5 表单及表单元素操作 ··· 179

总结 ·· 180

课后习题 ·· 180

第 10 章 使用 Dreamweaver 管理样式和模板 ················· 181

10.1 管理样式 ··· 181

10.2 管理模板 ··· 186

总结 ·· 189

课后习题 ·· 189

上 机 部 分

上机 1 HTML 概述与基本标签 ·· 193

第 1 阶段 指导 ·· 193

指导 1 使用文本编辑器创建和编写简单的网页 ········ 193

指导 2 使用标题标签和段落标签 ························· 194

指导 3 使用图像标签 ·· 195

第 2 阶段 练习 ·· 196

练习 1 使用字体样式标签 ··································· 196

练习 2 使用超链接标签 ······································ 197

练习 3 使用图像成为超链接 ······························ 197

上机 2 表格与列表 ··· 198

第 1 阶段 指导 ·· 198

指导 1 创建简单的表格 ······································ 198

指导 2 单元格的合并 ·· 199

指导 3 无序列表 ··· 200

第 2 阶段　练习 ·· 202

　　练习 1　使用表格 ··· 202

　　练习 2　使用无序列表和有序列表嵌套 ······················· 202

　　练习 3　使用复杂表格 ·· 202

上机 3　表单和表单元素 ·· 203

第 1 阶段　指导 ·· 203

　　指导 1　form 和 input 标签的简单使用 ······················ 203

　　指导 2　使用各种类型的 input 元素 ·························· 204

第 2 阶段　练习 ·· 205

　　练习 1　使用列表框和多文本框 ································· 205

　　练习 2　使用 fieldset 和 legend 标签 ······················· 206

上机 4　框架集与框架 ·· 207

第 1 阶段　指导 ·· 207

　　指导 1　实现简单的框架集 ·· 207

　　指导 2　实现嵌套的框架集 ·· 208

第 2 阶段　练习 ·· 209

　　练习 1　使用框架的属性 ··· 209

　　练习 2　使用浮动框架 ·· 210

　　练习 3　实现复杂的框架集嵌套 ·································· 210

上机 5　CSS 层叠样式表 ·· 211

第 1 阶段　指导 ·· 211

　　指导 1　使用 HTML 标签选择器 ······························· 211

　　指导 2　使用类选择器 ·· 213

第 2 阶段　练习 ·· 214

　　练习 1　使用 ID 选择器和上下文选择器 ····················· 214

　　练习 2　使用伪类选择器 ··· 215

上机 6　常用的 CSS 样式 ·· 216

第 1 阶段　指导 ·· 216

　　指导 1　使用颜色与背景属性 ····································· 216

　　指导 2　使用文本和字体属性 ····································· 217

　　指导 3　使用边框属性 ·· 219

　　指导 4　使用无序列表实现简单的菜单 ························ 220

第 2 阶段　练习 ·· 222

　　练习 1　设置超链接的装饰线 ····································· 222

　　练习 2　熟悉常用的 CSS 样式属性 ··························· 222

上机 7　Web 标准与页面布局 ……………………………………………………… 223

　第 1 阶段　指导 ………………………………………………………………………… 223

　　指导 1　模拟城市选择器 ……………………………………………………………… 223

　　指导 2　模拟扫描码下载提示 ………………………………………………………… 229

　第 2 阶段　练习 ………………………………………………………………………… 232

　　练习　模拟职能类别选择器 …………………………………………………………… 232

上机 8　CSS 实现典型布局 ……………………………………………………………… 234

　第 1 阶段　指导 ………………………………………………………………………… 234

　　指导 1　实现多行多列的复杂布局 …………………………………………………… 234

　　指导 2　模拟构建网站 ………………………………………………………………… 238

　第 2 阶段　练习 ………………………………………………………………………… 243

　　练习　实现典型的局部布局 …………………………………………………………… 243

上机 9　使用 Dreamweaver 制作网页 ………………………………………………… 244

　第 1 阶段　指导 ………………………………………………………………………… 244

　　指导 1　使用 Dreamweaver 创建表格 ……………………………………………… 244

　　指导 2　使用 Dreamweaver 创建表单及表单元素 ………………………………… 250

　第 2 阶段　练习 ………………………………………………………………………… 255

　　练习　使用 Dreamweaver 创建页面 ………………………………………………… 255

上机 10　使用 Dreamweaver 管理样式和模板 ……………………………………… 256

　第 1 阶段　指导 ………………………………………………………………………… 256

　第 2 阶段　练习 ………………………………………………………………………… 257

　　练习　使用 Dreamweaver 创建模板 ………………………………………………… 257

理论部分

第1章

HTML概述与基本标签

本章单词

请在预习时学会下列单词的含义和发音,并填写在横线处。

1. Internet: _____

2. WWW(World Wide Web): _____

3. HTTP(Hyper Text Transfer Protocol): _____

4. URL(Uniform Resource Locator): _____

5. HTML(Hyper Text Markup Language): _____

6. CSS(Cascading Style Sheets): _____

7. head: _____

8. body: _____

9. title: _____

10. color: _____

11. object: _____

1.1 Web 概述

Web 是一种多媒体信息服务系统,又称为 WWW(World Wide Web,万维网),由欧洲核子物理研究中心(CERN)在 1989 年研制,是 Internet(因特网)中最受欢迎的一种多媒体信息服务系统。整个系统由 Web 服务器、浏览器和通信协议组成,通信协议 HTTP(Hyper Text Transfer Protocol)能够传输任意类型的数据对象来满足 Web 服务器与客户之间的多媒体通信的需要。Web 带来的是世界范围的超级文本服务。用户可通过因特网从全世界任何地方调来所希望得到的文本、图像(包括活动影像)和声音等信息。另外,Web 还可提供其他的因特网服务,如 TELNET、FTP、Gopher 和 USERNET 等。

Web 是一个有许多互相链接的超级文本文档组成的系统,通过互联网访问。在 Web 上,不仅可以传递文字信息,还可以传递图形、声音、影像、动画等多媒体信息。在这个系统中每一个有用的事物称为一个"资源",由一个全局"统一资源标识符(URI)"标识,然后这些资源通过 HTTP 协议传送给用户,用户通过单击链接来获得资源。

Web 的成功在于使用了 HTTP 超文本传输协议,制定了一套标准的、易为人们掌握的超文本标记语言 HTML,使用了信息资源的统一定位格式 URL。我们可以把 Web 看作是一个图书馆,而每一个网站就是这个图书馆中的一本书。每个网站都包括许多画面,进入该网站时显示的第一个画面就是"主页"或"首页"(相当于书的目录),而同一个网站的其他画面都是"网页"(相当于书页)。

超文本(Hypertext)是用超链接的方法,将各种不同空间的文字信息组织在一起的网状文本。它是由一个称为网页浏览器(Web browser)的程序负责显示。网页浏览器从网页服务器(Web Server)取回称为"文档"或"网页"的信息并显示,通常是显示在计算机显示器或移动智能设备的屏幕上。人们可以跟随网页上的超链接(Hyperlink),再转到其他网页,也可以填写并送出数据给网页服务器。顺着超链接走的行为称为浏览网页。相关的数据通常排成一群网页,又叫网站。

用户需要浏览万维网上的网页或者获取其他网络资源的时候,通常要在浏览器上输入想要访问的网页的统一资源定位符(URL)或者通过超链接链接到那个网页或者资源。之后的过程是:

首先是 URL 的服务器名部分,被域名系统的因特网数据库解析,并根据结果决定进入哪个 IP 地址。然后向那个 IP 地址工作的服务器发送 HTTP 请求(Request),通常情况下,HTML 文本、图片和构成该网页的一切其他文件会很快被逐一请求并发送(Response)给用户。最后网络浏览器把 HTML、CSS 和接收到的其他文件的内容,加上图像、链接和其他必需的资源,显示给用户。这就是我们看到的网页。

大多数的网页自身包含有超链接指向其他相关网页,可能还有下载、源文献、在线播放的多媒体资源和其他网络资源。像这样通过超链接,把有用的相关资源组织在一起的集合,就形成了一个所谓的信息的"网"。这个网在因特网上被方便使用,就构成了最早的万维网。

万维网的核心部分由下面 3 个标准构成:

➢ 统一资源标识符(URL),这是一个统一地为资源定位的系统。

➢ 超文本传送协议(HTTP),它负责规定客户端和服务器怎样互相交流。

➢ 超文本标记语言(HTML),作用是定义超文本文档的结构和格式。

1.2　HTML 超级文本标记语言

1.2.1　HTML 简介

HTML(Hyper Text Marked Language,超文本标记语言)是一种用来制作超文本文档的简单标记语言。

HTML 是一种规范、一种标准,它通过标记符号来标记要显示的网页中的各个部分。网页文件本身是一种文本文件,通过在文本文件中添加标记符,可以告诉浏览器如何显示其中的内容(如:文字如何处理,画面如何安排,图片如何显示等)。浏览器按顺序阅读网页文件,然后根据标记符解释和显示其标记的内容,对书写出错的标记将不指出其错误,且不停止其解释执行过程,编制者只能通过显示效果来分析出错原因和出错部位。但需要注意的是,对于不同的浏览器,对同一标记符可能会有不完全相同的解释,因而可能会有不同的显示效果。

用 HTML 编写的超文本文档称为 HTML 文档。HTML 文档最常用的扩展名是.html,因为在 DOS 操作系统中文件名的后缀只允许有 3 位,所以.htm 扩展名也被使用。虽然现在使用的比较少了,但是.htm 扩展名仍旧普遍被支持。

HTML 之所以称为超文本标记语言,是因为文本中包含了所谓"超链接"点就是一种URL 指针,通过激活(单击)它,可使浏览器方便地获取新的网页。这也是 HTML 获得广泛应用的最重要的原因之一。

由此可见,网页的本质就是 HTML,通过结合使用其他的 Web 技术(如脚本语言、CGI、组件等),可以创造出功能强大的网页。因而,HTML 是 Web 编程的基础,也就是说万维网是建立在超文本基础之上的。

1.2.2　HTML 发展

HTML 由蒂姆·伯纳斯·李(Tim Berners-Lee)给出原始定义,由 IETF 用简化的SGML(标准通用标记语言)语法进一步发展,到后来发展成为国际标准,一直由万维网联盟(W3C)维护。

早期的 HTML 语法被定义成较松散的规则,因此有利于不熟悉网络出版的人采用。网页浏览器接受了这个现实,并且可以显示语法不严格的网页。随着时间的流逝,官方标准渐渐趋于严格的语法,但是浏览器继续显示一些远称不上合乎标准的 HTML。使用 XML的严格规则的 XHTML(可扩展超文本标记语言)是 W3C 计划中的 HTML 的接替者。虽然很多人认为它已经成为当前的 HTML 标准,但是它实际上是一个独立的与 HTML 平行发展的标准。

1.2.3　基本结构

HTML 的基本结构分为头部(head)和主体(body)两部分,头部包括网页标题(title)

等基本信息,主体包括网页的内容信息(如图片、文字等)。注意标签都以"<>"开始,以
"</>"结束,要求成对出现,并且标签之间要有缩进,体现层次感,以便阅读和修改,基本结
构如图 1-2-1 所示。

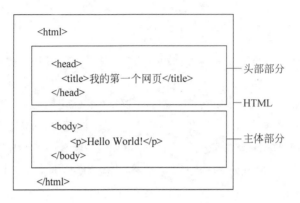

图 1-2-1 HTML 基本结构

说明:

HTML 文件中的第一个标签是< html >。这个标签告诉浏览器这是 HTML 文件的开
始点。文件中最后一个标签是</html >。这个标签告诉浏览器这是 HTML 文档的结束点。
位于< head >标签和</head >标签之间的文本是头信息。头信息不会显示在浏览器窗口中。
< title >标签中的文本是文档的标题。标题会显示在浏览器的标题栏中。< body >标签中的
内容是将被浏览器显示给用户的网页正文。< p >和</p >标签表示的是段落。

1.2.4 编辑工具

了解了 HTML 文档的基本结构后,下面介绍常用的 HTML 代码编辑工具。

1. 记事本

记事本是 Windows 自带安装的编辑附件,使用简单方便,实际项目开发中也常用于代
码较少的编辑或维护。使用记事本编辑 HTML 文档的步骤如下。

(1) 在 Windows 中打开记事本程序。

(2) 在记事本中输入 HTML 代码,如例 1-2-1 所示。

例 1-2-1 HTML 基本结构代码

```
1  < html >
2    < head >
3     <title>我的第一个网页(网页标题)</title>
4    </head >
5    < body >
6     HTML 网页
7    </body >
8  </html >
```

(3) 单击菜单"文件"→"保存",弹出"另存为"对话框,如图 1-2-2 所示,将上述文档保存
为后缀为 . htm 或 * . html 的 HTML 文档,如 my_firstPage. html。

图 1-2-2　记事本保存示意图

（4）双击保存的 HTML 文档，Windows 将自动调
用浏览器软件（如 IE）打开 HTML 文档，如图 1-2-3
所示。

2．UItraEdit

（1）相比记事本而言，UItraEdit 是功能强大的编辑
软件，它支持 HTML 标签的颜色标识、代码缩进、搜索等
功能，如图 1-2-4 所示。

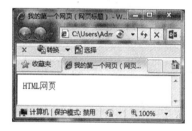

图 1-2-3　HTML 文档运行结果

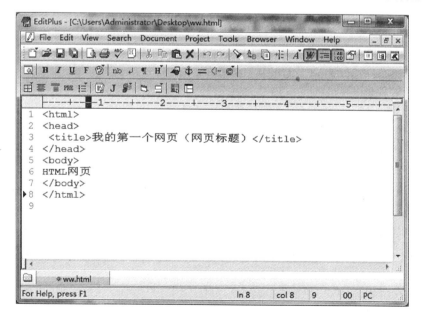

图 1-2-4　HTML 代码

（2）其编辑 HTML 文档的步骤与记事本相同。为了方便学习 HTML 的各类标签，一般采用 UItraEdit 作为 HTML 文档的编辑工具。

1.3 页面主体背景设置

在< body >和</body >中放置的是页面中所有的内容，如图片、文字、表格、表单、超链接等设置。为了让整个页面的显示方式可以控制，< body >标签有自己的属性，设置< body >标签内的属性，就可控制整个页面的显示方式。< body >标签的属性如表 1-3-1 所示。

表 1-3-1 < body >标签的属性

属　　性	描　　述
background	设定背景墙纸所用的图像文件，可以是 GIF 或 JPEG 文件的绝对或相对路径
bgcolor	设定背景颜色，当已设定背景墙纸时，这个属性会失去作用，除非墙纸有透明部分
leftmargin	设定网页显示画面与浏览器窗口左边沿的间隙，单位为像素
topmargin	设定网页显示画面与浏览器窗口上边沿的间隙，单位为像素
rightmargin	设定网页显示画面与浏览器窗口右边沿的间隙，单位为像素
bottommargin	设定网页显示画面与浏览器窗口下边沿的间隙，单位为像素
text	设定整个网页中的文字颜色
link	设定一般超链接文本的显示颜色
alink	设定鼠标移动到超链接上时，超链接文本的显示颜色
vlink	设定访问过的超链接文本的显示颜色

本节主要讲述背景属性，其他属性后面会讲到。

1.3.1 设置网页的背景颜色

设置< body >的 bgcolor 属性可以改变网页的整体背景色，如 bgcolor＝"♯00ff00"，创建一个网页文件，命名为 bgcolor.html，编写代码如例 1-3-1 所示。

例 1-3-1 页面背景颜色设置

```
1   < html >
2     < head >
3      <title>我的第一个网页(网页标题)</title>
4     </head >
5     < body bgcolor = "♯C3C7CB">
6        HTML 网页
7     </body >
8   </html>
```

运行效果图如图 1-3-1 所示。

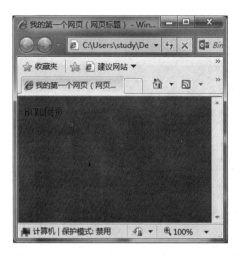

图 1-3-1　页面背景颜色设置

例 1-3-1 的页面背景采用的"♯C3C7CB"是一种蓝色。表 1-3-2 列举了常用的颜色代码。

表 1-3-2　常用的颜色代码

颜　色	颜色名和 RGB 值	颜　色	颜色名和 RGB 值
白色	white(♯FFFFFF)	绿色	green(♯00FF00)
黄色	yellow(♯FFFF00)	黑色	black(♯000000)
红色	red(♯FF0000)	紫色	purple(♯A020F0)
蓝色	blue(♯0000FF)		

1.3.2　设置网页的背景图片

通过设置<body>的 background 属性可以设置<body>的背景图片。根据不同的需求,可以设置图片背景的平铺方式,创建一个网页文件,命名为 background.html,编写代码如例 1-3-2 所示。

例 1-3-2　页面背景图片设置

```
1  <html>
2  <head>
3      <title>我的第一个网页(网页标题)</title>
4  </head>
5  <body background = bg.jpg>
6  HTML 网页
7  </body>
8  </html>
```

例 1-3-2 的页面背景图片路径采用相对路径,bg.jpg 位于 background.html 同一级目录,默认情况下图片自动排列,铺满整个页面,效果如图 1-3-2 所示。

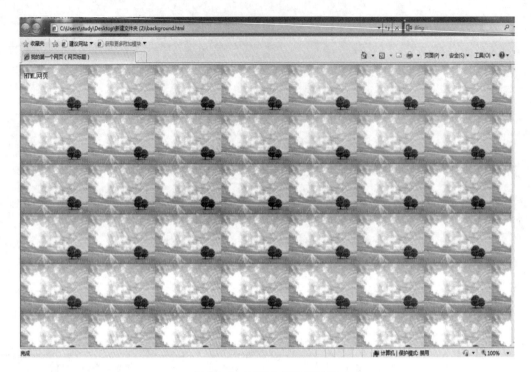

图 1-3-2　页面主体背景设置

1.4　常用的 HTML 标签

本节将介绍网页文档中常用的基本标签。

1.4.1　换行标签

当文字到达浏览器边界时将自动换行,但是当调整浏览器宽度时,文字换行的位置也相应地发生变化,格式就显得相当混乱了。为了规范格式,可以用换行标签
进行强制换行,该标签没有结束标签。例如,希望"北京欢迎你"的歌词紧凑显示,每句间要求换行,其对应的 HTML 代码如示例 1-4-1 所示。

例 1-4-1　换行标签应用

```
1    < html >
2      < head >
3        < title >换行标签的应用</title>
4      </head>
5      < body >
6        北京欢迎你< br/>
7        北京欢迎你,有梦想谁都了不起!< br/>
8        有勇气就会有奇迹。< br/>
9        北京欢迎你,为你开天辟地< br/>
```

```
10      流动中的魅力充满朝气。<br/>
11      北京欢迎你,在太阳下分享呼吸<br/>
12      在黄土地刷新成绩。<br/>
13      北京欢迎你,像音乐感动你<br/>
14      让我们都加油去超越自己。<br/>
15    </body>
16  </html>
```

其运行效果如图 1-4-1 所示。

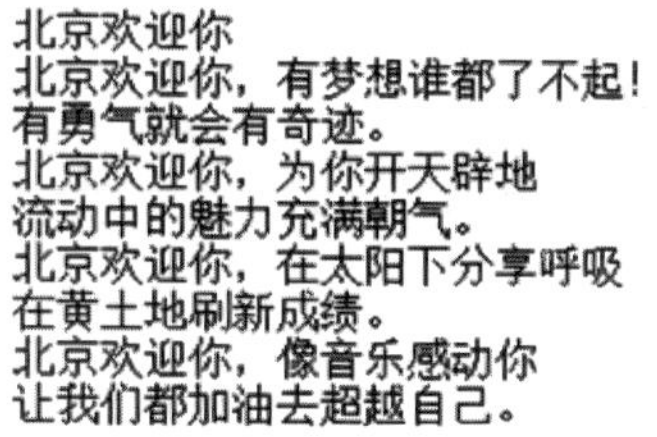

北京欢迎你
北京欢迎你,有梦想谁都了不起!
有勇气就会有奇迹。
北京欢迎你,为你开天辟地
流动中的魅力充满朝气。
北京欢迎你,在太阳下分享呼吸
在黄土地刷新成绩。
北京欢迎你,像音乐感动你
让我们都加油去超越自己。

图 1-4-1　换行标签应用

1.4.2　字体标签

HTML 中用<font>标签控制文字的字体、大小和颜色。控制方式是利用属性设置实现的,其属性如表 1-4-1 所示。

表 1-4-1　font 标签的属性

属　性	使 用 功 能	默 认 值
face	设置文字使用的字体	宋体
size	设置文字的大小	3
color	设置文字的颜色	黑色

其格式为<font face=值 1　size=值 2　color=值 3>文字</font>

1. 字体大小

size 属性用来设置文字的大小,其取值范围为 1～7。也可以用"+"或"-"指定相对于初始值增量或减量。编写代码如例 1-4-2 所示。

例 1-4-2　字体大小设置

```
1  <p><font size="2">这段文字的字体大小为 2</font></p>
2  <p><font size="3">这段文字的字体大小为 3</font></p>
3  <p><font size="4">这段文字的字体大小为 4</font></p>
```

运行效果如图 1-4-2 所示。

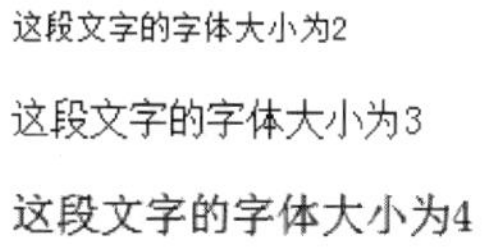

2. 字体字形

face 属性用来设置字体的字形,HTML 中显示的字体是从客户端调用的,所以为了保持字形一致,建议采用宋体,HTML 中也默认采用宋体。编写代码如例 1-4-3 所示。

这段文字的字体大小为2

这段文字的字体大小为3

这段文字的字体大小为4

图 1-4-2　字体大小设置

例 1-4-3　字形设置

```
1    <p><font face = "宋体">这段文字的字形为宋体 </font></p>
2    <p><font face = "黑体">这段文字的字形为黑体 </font></p>
3    <p><font face = "楷体">这段文字的字形为楷体 </font></p>
```

运行效果如图 1-4-3 所示。

3. 字体颜色

color 属性用来设置字体颜色。编写代码如例 1-4-4 所示。

例 1-4-4　字体颜色设置

```
1    <p><font color = "#FF0000">这段文字的颜色为红色 </font></p>
2    <p><font color = "#FFFF00">这段文字的颜色为黄色 </font></p>
3    <p><font color = "#A020F0">这段文字的颜色为紫色 </font></p>
```

运行效果如图 1-4-4 所示。

这段文字的字形为宋体　　　　　　　这段文字的颜色为红色

这段文字的字形大小为黑体　　　　　这段文字的颜色为黄色

这段文字的字形为楷体　　　　　　　这段文字的颜色为紫色

图 1-4-3　字体字形设置　　　　　图 1-4-4　字体颜色设置

1.4.3　段落排版标签

上节用到了<p>标签,本节来介绍<p>标签。<p>标签所标识的文字代表同一个段落的文字。不同段落间的间距等于连续加了两个换行符,也就是要隔一行空白行,用以区别文字的不同段落。它可以单独使用,也可以成对使用。单独使用时,下一个<p>的开始就意味着上一个<p>的结束。良好的习惯是成对使用。

其格式:

```
<p>
<p align = 参数>
```

其中,align 是<p>标签的属性,left、center、right 这 3 个属性参数设置段落文字的左、中、右位置的对齐方式。编写代码如例 1-4-5 所示。

例 1-4-5　段落设置

```
1    <html>
2        <head>
3            <title>测试分段控制标签</title>
4        </head>
5        <body>
6            <p>花儿什么也没有。它们只有凋谢在风中的轻微、凄楚而又无奈的吟怨,
7                就像那受到了致命伤害的秋雁,悲哀无助地发出一声声垂死的鸣叫。</p>
```

```
8          <p align="right">或许,这便是花儿那短暂一生最凄凉、最伤感的归宿。</p>
9          <p align="center">而美丽苦短的花期</p>
10         <p align="left">却是那最后悲伤的秋风挽歌中的瞬间插曲。</p>
11     </body>
12   </html>
```

运行结果如图 1-4-5 所示。

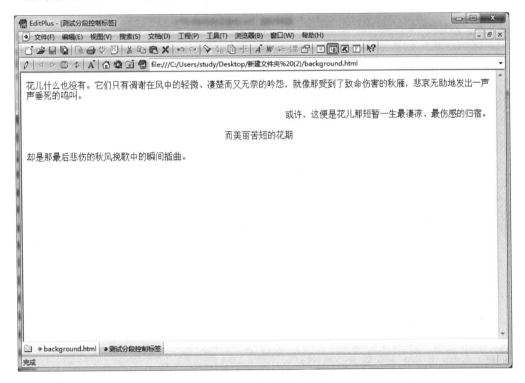

图 1-4-5　段落标签设置

1.4.4　字体样式标签

本节将学习对文字细节修饰的字体样式标签,使读者能够把握 HTML 的各种字体格式的变化,制作更为专业的网页。

1. 使文字加粗

<b>标签告诉浏览器把加 b 标签的文本以粗体方式显示给浏览者。对于所有浏览器来说,这意味着要把这段文字以加粗方式呈现给大家。其编写代码如例 1-4-6 所示。

例 1-4-6　设置文字加粗

```
1   <html>
2     <head>
3        <title>文字加粗</title>
4     </head>
5     <body>
6          这段文字没有加粗</br>
```

```
7    <b>这段文字加粗</b>
8    </body>
9    </html>
```

运行效果如图 1-4-6 所示。

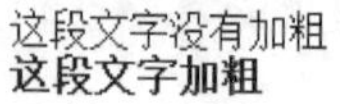

2. 使文字倾斜

<i></i>斜体标签元素告诉浏览器把加 i 标签的文本以斜体方式显示给浏览者。对于所有浏览器来说,这意味着要把这段文字以加斜体样式呈现给大家。其编写代码如例 1-4-7 所示。

这段文字没有加粗
这段文字加粗

图 1-4-6 设置文字加粗

例 1-4-7 设置文字倾斜

```
1    <html>
2    <head>
3    </head>
4    <body>
5         这段文字没有倾斜</br>
6       <i>这段文字有倾斜</i>
7    </body>
8    </html>
```

这段文字没有倾斜
这段文字有倾斜

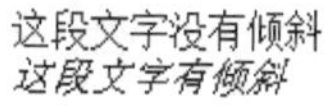

图 1-4-7 设置文字倾斜

运行效果如图 1-4-7 所示。

3. 文字下画线

<u></u>下画线标签告诉浏览器把加 u 标签的文本以加下画线样式呈现给浏览者。对于所有浏览器来说,这意味着要把这段文字以加下画线样式呈现给大家。其编写代码如例 1-4-8 所示。

例 1-4-8 设置文字加粗

```
1    <html>
2    <head>
3    </head>
4    <body>
5         这段文字没有下画线</br>
6       <u>这段文字有下画线</u>
7    </body>
8    </html>
```

运行效果如图 1-4-8 所示。

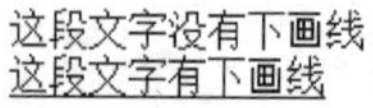

这段文字没有下画线
这段文字有下画线

图 1-4-8 设置文字下画线

1.4.5 水平线标签

顾名思义,水平线标签标示一条水平线,注意该标签比较特殊,没有结束标签,直接使用< hr/>表示标签的开始和结束。例如,为了让版面更加清晰直观,可以在歌名和歌词中间加一条水平分割线。对应的 HTML 代码如示例 1-4-9 所示。

例 1-4-9　水平线标签设置

```
1    <html>
2        <head>
3        </head>
4        <body>
5            <h1>北京欢迎你</h1>
6            <hr/>
7            <p>北京欢迎你,有梦想谁都了不起!</p>
8            <p>有勇气就会有奇迹.</p>
9        </body>
10   </html>
```

其运行效果如图 1-4-9 所示。

北京欢迎你

北京欢迎你，有梦想谁都了不起!

有勇气就会有奇迹。

图 1-4-9　水平标签设置

1.4.6　标题标签

标题标签标示一段文字的标题(主题)，并且支持多层次的内容结构。例如，一级标题采用<h1>，如还有二级标题则采用<h2>，其他依次类推。HTML 提供了六级标题，并赋予了标题一定的外观；所有标题字体加粗,<h1>字号最大,<h6>字号最小。上节的例子中就用到了 h1 标签。例 1-4-10 中展示各级标题对应的 HTML 代码。

例 1-4-10　标题标签

```
1    <html>
2      <head>
3        <title>不同等级标题的标签对比</title>
4      </head>
5      <body>
6        <h1>一级标题</h1>
7        <h2>二级标题</h2>
8        <h3>三级标题</h3>
9        <h4>四级标题</h4>
10       <h5>五级标题</h5>
11       <h6>六级标题</h6>
12     </body>
13   </html>
```

其运行效果如图 1-4-10 所示。

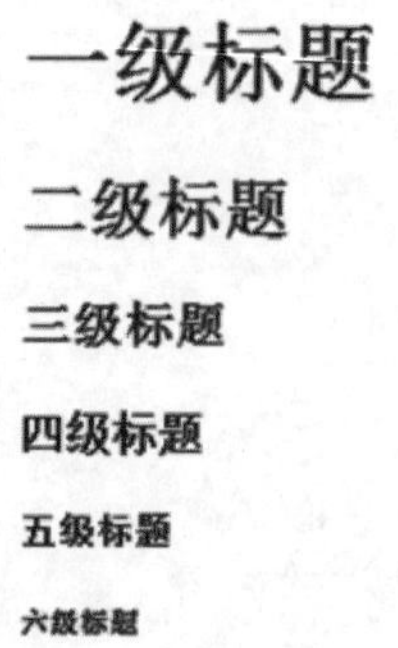

一级标题
二级标题
三级标题
四级标题
五级标题
六级标题

图 1-4-10　标题标签

1.4.7　图像标签

HTML 中,图像是由<img>标签定义的。<img>是空标签,意思是说,它只拥有属性,而没有结束标签。想要在页面上显示一个图像,需要使用 src 属性。src 表示"源"的意思。src 属性的值是所要显示图像的 URL。alt 属性在浏览器装载图像失败时告诉用户所丢失的信息,此时,浏览器显示这个"交互文本"来代替图像。这样,即使图像无法显示,用户还是可以看到网页丢失的信息内容,所以在制作网页时一般推荐和"src"配合使用。使用 title 属性,还可以提供额外的提示或帮助信息,其 HTML 代码如例 1-4-11 所示。

例 1-4-11　图像标签

```
1    <html>
2        <head>
3        </head>
4        <body>
5            <img src="qq.jpg" width="159" height="133" alt="阿玛尼男女情侣手表,
6    本店推荐商品" title="阿玛尼男女情侣手表,本店推荐商品">
7            </br>这里是图片标签
8        </body>
9    </html>
```

运行效果如图 1-4-11 所示。

注意：

设计和制作网页时,需要从方便用户使用的角度考虑问题。用户体验越来越成为 Web 设计和开发需要考虑的重要因素,用户体验的原则就是以用户为中心,并体现在细致之处。例如,使用<img>标签时,强烈推荐同时使用 alt 和 title 属性,避免因网速太慢或路径错误带来的"一片空白"或"错误"提示；同时,增加的鼠标提示信息也方便用户使用。

这里是图片标签

图 1-4-11　图片链接

1.4.8　超链接标签

超链接是由源端点到目标端点的一种跳转。源端点可以是网页中的一段文本或一幅图像等。目标端点可以是任意类型的网络资源,例如可以是一个网页、一幅图像、一首歌曲、一段动画或一个程序等。

按照目标端点的不同,可以将超链接分为以下几种形式。

(1)文件链接:这种链接的目标端点是一个文件,它可以位于当前网页所在的服务器,也可以位于其他服务器。

(2)锚点链接:这种链接的目标端点是网页中的一个位置,通过这种链接可以从当前网页跳转到本页面或其他页面中的指定位置。

(3)E-mail链接:通过这种链接可以启动电子邮件客户端程序(如 Outlook 或 Foxmail 等),并允许访问者向指定的地址发送邮件。

下面介绍这几种链接的方式。

1. 文件链接(同一服务器)

格式:< a href＝"register/register. html">［免费注册］</a>

代码范例如例 1-4-12 所示。

例 1-4-12　页面间的链接

```
1    < html >
2      < head >
3        <title>链接到其他页面</title>
4      </head >
5      < body >
6          < A href = "register/register.html">［免费注册］</A>
7          < A href = "login/login.htm">［登录］</A>
8      </body >
9    </html >
```

其运行效果如图 1-4-12、图 1-4-13 所示。

图 1-4-12　跳转前的超链接效果　　　　　　图 1-4-13　跳转后的超链接效果

说明：

href="register/register.html"是链接的地址，[免费注册]是链接内容，链接的地址又分为相对路径和绝对路径：相对路径是指定从根目录到文件的完整路径；绝对路径是指定相对于当前文件的文件位置。例如链接到同一目录（C:\HTML）下的页面，相对路径可编写<a href = "Doc1.htm">，绝对路径可编写<a href = "C:\html\Doc2.htm">。

2. 文件链接(其他服务器)

格式：<a href="http://www.huaruiedu.com/">链接到外部华瑞网站</a>

代码范例如例1-4-13所示。

例 1-4-13　文件链接(其他服务器)

```
1    <html>
2       <head>
3       </head>
4       <body>
5       <a href = "http://www.huaruiedu.com/">链接到外部华瑞网站</a>
6       </body>
7    </html>
```

其运行效果如图1-4-14、图1-4-15所示。

图1-4-14　跳转前的效果　　　　　　　图1-4-15　跳转后的效果

说明：

在大多数网页浏览器上输入地址时可以省略前面的http://。然而，在网页上的<a href>链接中输入地址时不能省略。

3. 锚点链接

锚点标签用于使用户"跳"到文档的某个部分。

其用法：

<a href = "#helpme">[新人上路]</A>
<a name = "helpme">新人上路指南</A>

代码范例如例 1-4-14 所示。

例 1-4-14　文件链接（其他服务器）

```
1    < html >
2        < head >
3        </head >
4        < body >
5            < a name = "top"></a>这是文档的顶部< br/>
6            < a href = "♯bottom">到底部</a>
7                我们用换行标记模拟长 HTML 页面的效果
8            < br >< br >< br >< br >< br >< br >< br >< br >< br >< br >
9            < br >< br >< br >< br >< br >< br >< br >< br >< br >< br >
10               < br >< br >< br >< br >< br >< br >< br >< br >< br >< br >
11               < a name = "bottom"></a>这是文档的底部< br/>
12           < a href = "♯top">到顶部</a>
13       </body >
14   </html >
```

其运行效果如图 1-4-16、图 1-4-17 所示。

图 1-4-16　跳转前的效果

图 1-4-17　跳转后的效果

说明：

< a href＝"♯bottom">到底部</a>这句代码的意思是链接到锚标记所在位置，< a name＝"top"></a>这是文档的顶部< br/>这句代码的意思是定义锚标记。要先定义锚标记，后使用链接。

4. 空链接

空链接默认返回顶端，其格式：

< a href ＝ "♯">返回顶端</a>

5. E-mail 链接

要链接电子邮件，可在链接标签中插入 mailto:邮箱地址。

其格式：

< a href = "mailto:webmaster@sohu.com">站长信箱</a>

代码如例 1-4-15 所示。

例 1-4-15　　E-mail 链接

```
1    < html >
2    < head >
3    <title>电子邮件链接</title>
4    </head >
5    < body >
6    < a href = "mailto: taobaoWebMater@taobao.com ">站长信箱</a>
7    </body >
8    </html >
```

其运行效果如图 1-4-18、图 1-4-19 所示。

图 1-4-18　跳转前的效果

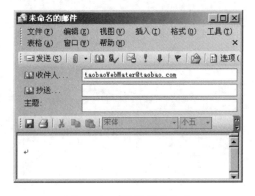

图 1-4-19　跳转后的效果

说明：

href＝"mailto:taobaoWebMater@taobao.com 这里可以填任何正确的电子邮箱地址。

总结

- Web 是运行在互联网上的一种服务，它以网页的方式让浏览者获取信息。
- HTML 是制作 Web 网页的语言，它用标签告诉浏览器网页的结构和内容。
- < html ></html >是网页源代码中最外层的标签。
- 网页一般由头部和正文两部分组成，头部的标签是< head ></head >，正文的标签是 < body ></body >。
- 网页的头部可以有标题标签< title ></title >。
- 网页中背景的相关设置，包括背景图片、背景颜色等。
- 网页正文内部的网页元素常用的有超链接< a ></a >、图像< img/>、标题< h1 ></h1 >

至< h6 ></h6 >、换行< br/>、段落< p ></p >、字体< font ></font >、水平分割线
< hr/>。

课后习题

(1) 在 HTML 中,下面(　　)不属于 HTML 文档的基本组成部分。(选择一项)

  A. < style ></style >   B. < body ></ body >

  C. < html ></html >   D. < head ></head >

(2) 在 HTML 页面中,使用<img>标签插入图像,下列选项中关于<img>标签的属性
说法错误的是(　　)。(选择一项)

  A. <img>标签的 href 属性指定图像源文件所在的路径

  B. <img>标签的 alt 属性指定提示文字的内容

  C. <img>标签的 width 属性指定图像的宽度

  D. <img>标签的 height 属性指定图像的高度

(3) 在 HTML 中,下列标签中的(　　)标签在标记的位置强制换行。(选择一项)

  A. < H1 >   B. < P >

  C. < BR >   D. < HR >

(4) 在 HTML 中,(　　)可以在网页上通过链接直接打开客户端的发送邮件工具发送
电子邮件。(选择一项)

  A. < a href＝"telnet:zhangming@aptech. com"></a >

  B. < a href＝"mail:telnet:zhangming@aptech. com"></a >

  C. < a href＝"ftp:telnet:zhangming@aptech. com"></a >

  D. < a href＝"mailto：telnet:zhangming@aptech. com"></a >

(5) 如果在 catalog. htm 中包含如下代码,则该 HTML 文档在 IE 浏览器中打开后,用
户单击此链接将(　　)。(选择一项)

< a　href＝"♯novel'>小说</a>

  A. 使页面跳转同一文件夹下名为"nove. html"的 HTML 文档

  B. 使页面跳转到同一文件夹下名为"小说. html"的 HTML 文档

  C. 使页面跳转到 catalog. htm 中名为"novel"的锚点处

  D. 使页面跳转到同一文件夹名为"小说. html"的 HTML 文档中名为"novel"的锚
   点处

(6) 要在网页中显示如下文本,要求字体类型为隶书,字体大小为 6,则下列 HTML 代
码正确的是(　　)。(选择一项)

欢迎访问我的主页!

  A. < p >< font size＝6 fype＝"隶书">欢迎访问我的主页! </font >

  B. < p >< font size＝＋2 face＝"隶书">欢迎访问我的主页! </font >

C. < p >< font size＝6 face＝"隶书">欢迎访问我的主页！</font >

D. < p >< font size＝＋3 style＝"隶书">欢迎访问我的主页！</font >

(7) 在 HTML 页面中,< marquee >滚动标签的 direction 属性表示滚动的方向,它的取值可能为(　　　)。(选择一项)

A. up　　　　　　　　　　　　　B. down

C. left　　　　　　　　　　　　　D. right

(8) 默认情况下,在 HTML 文档中使用(　　　)标签绘制水平线。(选择一项)

A. < pre >　　　　　　　　　　　B. < ul >

C. < hr >　　　　　　　　　　　　D. < ol >

(9) 在 HTML 中,下列选项中的(　　　)段 HTML 代码可以实现下图的效果。(选择一项)

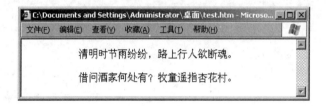

A. < p align＝"right">

清明时节雨纷纷,路上行人欲断魂。

< p align＝"right">

借问酒家何处有? 牧童遥指杏花村。

B. < p align＝"left">

清明时节雨纷纷,路上行人欲断魂。

< p align＝"left">

借问酒家何处有? 牧童遥指杏花村。

C. < p align＝"center">

清明时节雨纷纷,路上行人欲断魂。

< p align＝"center">

借问酒家何处有? 牧童遥指杏花村。

D. < p align＝left >

清明时节雨纷纷,路上行人欲断魂。

借问酒家何处有? 牧童遥指杏花村。

</p >

(10) 在 HTML 中,要将图片 pic01. gif 插入网页中,图片的具体信息描述如下:图片的相对路径为/images/pic01. gif,宽:120px,高:130px,边框:1px,则以下(　　　)段 HTML 代码能够实现。(选择一项)

A. < image src＝" /images/pic01. gif"height＝"120" width＝"130" border＝"1">

B. < image floder＝" /images/pic01. gif"height＝"120" width＝"130" border＝"1">

C.　< image src=" /images/pic01. gif"height="130" width="120" border="1">

D.　< image floder=" /images/pic01. gif"height="130" width="120" border="1">

（11）请用 HTML 设计如下图所示效果的文档。

旅途

人生是一条旅途

无论这条路是长还是短

是平坦还是崎岖

你都必须坚定地走下去

直至终点

充实自己

充实生活

永远善待生活

用自己最大的热情

歌唱人生之歌

这是一条旅途

在这里

我们相聚在一起

坐上了一辆幸福的列车

驶向明天

驶向未来

（12）请用 HTML 设计如下图所示效果的文档。

持之以恒，谁也不能随随便便成功

发布：2009-4-24 14:29:07　　　点击：（118）

200901期09班　张靖

　　学习日语已将近一个月，现在正处于一个入门阶段，学习方法对我们来说很重要。下面，我来稍微说说自己在这一个月里是怎样对待日语的学习的。

　　首先，要端正态度。现在学习日语是我们自己的事，要有渴望去学习的热情，而不是完成老师给的任务就可以了。目前我们的课程安排得相当紧，每天要接受很多新的单词，还有语法。所以要充分地做好复习和预习工作。课上要打起十二分的精神跟着老师的步伐，稍不留神就有可能掉队，这就需要提前做好必要的预习。课后，把学过的单词和语法再回顾一下，要做到对今天所学的内容没有任何疑惑，所谓温故而知新嘛!我们都在抱怨课程安排得太紧，但是学习这件事，不是缺乏时间，而是缺乏努力，课程既然这样安排，就肯定有它存在的道理，此时学习的苦只是暂时的，而未学到的痛苦相信我们有些人已有所体会。

　　另外，还有很重要的一点，就是信心，你要相信自己一定能够把日语学好，持之以恒，谁也不能随随便便成功，它来自彻底的自我管理和毅力。

　　最后，祝所有同仁都顺利毕业，并取得成功。

(13) 编写如下图效果对应的 HTML 代码。

第2章

表格与列表

2.1 表格基础

表格是块状元素,发明该标签的初衷是用于显示表格数据。例如学校中常见的考试成绩单、选修课表,企业中常见的工资账单等。

2.1.1　为什么要使用表格

1. 简单通用

表格行列结构简单,且在生活中被广泛使用,因此对它的理解和编写都是很方便的。

2. 结构稳定

表格每行的列数通常一致,同行单元格高度一致且水平对齐,同列单元格宽度一致且垂直对齐。这种严格的约束形成了一个不易变形的长方形盒子结构,堆叠排列起来结构很稳定,基于以上两点,表格在网页技术发展的初中期就被广泛应用于论坛、政务网站和咨询网站中。

2.1.2　表格的基本结构

先看一看表格的基本结构,表格是由指定数目的行和列组成的,其基本结构如图 2-1-1 所示,其中的文字或图片按照相应的列或行进行分类和显示。

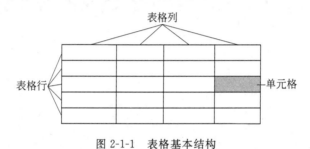

图 2-1-1　表格基本结构

1. 单元格

表格的最小单位,一个或多个单元格纵横排列组成了表格。

2. 行

一个或多个单元格横向堆叠形成了行。

3. 列

由于表格单元格的宽度必须一致,所以单元格纵向划分形成了列。

2.1.3　表格的基本语法

创建表格的基本语法如下。

```
<table>
    <tr>
        <td>第 1 个单元格的内容</td>
        <td>第 2 个单元格的内容</td>
    </tr>
    <tr>
        <td>第 1 个单元格的内容</td>
        <td>第 2 个单元格的内容</td>
    </tr>
</table>
```

创建表格一般分为下面三步。

第一步:创建表格标签< table >……</ table >。

第二步：在表格标签< table >……</table >里创建行标签< tr >……</tr >,可以有多个单元格。

第三步：在行标签< tr >……</tr >里创建单元格标签< td >……</td >,可以有多个单元格。

为了显示表格的轮廓,一般还需要设置< table >标签的 border 边框属性,指定边框的宽度。

例如,在页面中添加一个 2 行 3 列的表格,对应的 HTML 代码如示例 2-1-1 所示。

例 2-1-1 创建表格

```
1    < html >
2        < head >
3          < title >基本表格</title >
4        </ head >
5        < body >
6        < table border = "2">
7            < tr >
8                < td >1 行 1 列的单元格</td >
9                < td >1 行 2 列的单元格</td >
10               < td >1 行 3 列的单元格</td >
11           </ tr >
12           < tr >
13               < td >2 行 1 列的单元格</td >
14               < td >2 行 2 列的单元格</td >
15               < td >2 行 3 列的单元格</td >
16           </ tr >
17        </ table >
18     </ body >
19  </ html >
```

其运行效果如图 2-1-2 所示。

图 2-1-2 创建表格

2.2 跨行跨列的表格

上节介绍了简单表格的创建,而现实中往往需要较复杂的表格,有时候就需要把多个单元格合并为一个单元格,也就是要用表格的跨行跨列功能。

2.2.1 跨列

跨列是指单元格的横向合并,语法如下。

```
<table>
    <tr>
        <td colspan = "所跨的列数">单元格内容</td>
    </tr>
</table>
```

col 为 column(列)的缩写,span 为跨度,所以 colspan 意思为跨列。下面通过例 2-2-1 来说明 colspan 属性的用法。

例 2-2-1 跨列

```
1   <html>
2   <head>
3     <title>跨多列的表格</title>
4   </head>
5   <body>
6   <table border = "1" width = "200">
7       <tr>
8         <td colspan = "2">学生成绩</td>
9       </tr>
10      <tr>
11        <td>语文</td>
12        <td>98</td>
13      </tr>
14      <tr>
15        <td>数学</td>
16        <td>95</td>
17      </tr>
18   </table>
19   </body>
20   </html>
```

其运行效果如图 2-2-1 所示。

图 2-2-1 跨列

2.2.2　跨行

跨行是指单元格在垂直方向上合并,语法如下。

```
<table>
    <tr>
        <td rowspan = "所跨的行数">单元格内容</td>
    </tr>
</table>
```

row 为行的意思,rowspan 即跨行。下面通过例 2-2-2 来说明 colspan 属性的用法。

例 2-2-2　跨行

```
1   <html>
2    <head>
3       <title>跨多列的表格</title>
4    </head>
5   <body>
6     <table border = "1" width = "500">
7       <tr>
8          <td rowspan = "2">张三</td>
9          <td>语文</td>
10         <td>98</td>
11      </tr>
12      <tr>
13         <td>数学</td>
14         <td>95</td>
15      </tr>
16      <tr>
17         <td rowspan = "2">李四</td>
18         <td>语文</td>
19         <td>88</td>
20      </tr>
21      <tr>
22         <td>数学</td>
23         <td>91</td>
24      </tr>
25     </table>
26   </body>
27  </html>
```

其运行效果如图 2-2-2 所示。

注意:

一般而言,跨行或跨列操作时,需要以下两个步骤。

(1) 在需合并的第一个单元格,设置跨列或跨行属性,如 colspan="3"。

(2) 删除被合并的其他单元格,即把某个单元格看成多个单元格合并后的单元格。

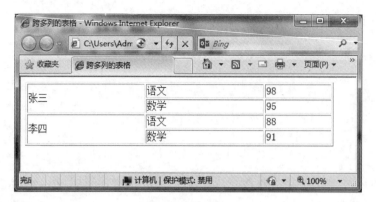

图 2-2-2　跨行

2.2.3　跨行、跨列

有时表格中既有跨列又有跨行的情况，如例 2-2-3 所示。

例 2-2-3　跨行、跨列

```
1    < html >
2      < head >
3        <title>跨多行多列的表格</title>
4      </head >
5      < body >
6        < table border = "1" width = "200">
7          < tr >
8            < td colspan = "3">学生成绩</td>
9          </tr >
10         < tr >
11           < td rowspan = "2">张三</td>
12           < td>语文</td>
13           < td > 98 </td>
14         </tr >
15         < tr >
16           < td>数学</td>
17           < td > 95 </td>
18         </tr >
19         < tr >
20           < td rowspan = "2">李四</td>
21           < td>语文</td>
22           < td > 88 </td>
23         </tr >
24         < tr >
25           < td>数学</td>
26           < td > 91 </td>
27         </tr >
28       </table >
29     </body >
30   </html >
```

运行结果如图 2-2-3 所示。

图 2-2-3　跨行、跨列

注意：

跨行和跨列以后，并不改变表格的特点，同行的总高度一致，同列的总宽度一致。因此，表格中各单元格的宽度或高度互相影响，结构相对稳定，但缺点是不能灵活地进行布局控制。

2.3　表格的高级用法

除了设置表格跨行和跨列外，还可以为整个表格添加标题，对表格数据分组等，从而实现企业中常见的年度统计报表等复杂表格。

如何实现上述效果？HTML 提供了如下表格标签，对应的含义如图 2-3-1 所示。

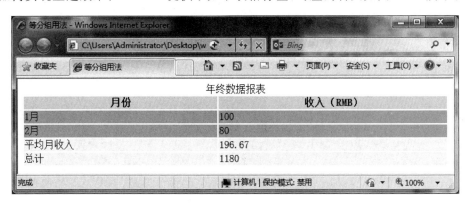

图 2-3-1　高级标签

1. 表格标题 < caption >

用于描述整个表格的标题。

2. 表格表头 < th >

用于定义表格的表头，一般是表格的第一行数据，以粗体、居中的方式显示。

3. 表格数据的分组标签< thead >、< tbody >及< tfooter >

这 3 个标签一般配合使用,主要是对报表数据进行逻辑分组,< thead >对应报表的页眉,即表格的表头部分;< tbody >对应报表的数据主体,即详细的数据描述部分;< tfooter >对应报表的页脚,即对各分组数据进行汇总的部分。各分组标签内由多行< tr >组成。

为了区分各部分的数据,可以利用 style 样式属性分别为< thead >、< tbody >、< tfooder >设置背景颜色。同时,为了使整个表格的宽度充满浏览器窗口的整行,可以利用 width 属性设置表格宽度为"100％"。

图 2-3-1 对应的 HTML 代码如例 2-3-1 所示,需要说明的是,宽度、背景色等样式一般应放在专门的 CSS 文件中,此处仅是为了演示页面效果。

例 2-3-1　高级标签

```
1    <html>
2      <head>
3        <title>等分组用法</title>
4      </head>
5      <body>
6      <table width = "100％">
7        <caption>年终数据报表</caption>
8            <thead style = "background: #0FF">
9              <tr>
10               <th>月份</th>
11               <th>收入(RMB)</th>
12             </tr>
13           </thead>
14           <tbody style = "background: #9CC">
15             <tr>
16               <td>1 月</td>
17               <td>100</td>
18             </tr>
19             <tr>
20               <td>2 月</td>
21               <td>80</td>
22             </tr>
23             <!-- 省略 3-6 月的类似 HTML 代码 -->
24           </tbody>
25   <tfoot style = "background: #FF0">
26             <tr>
27               <td>平均月收入</td>
28               <td>196.67</td>
29             </tr>
30             <tr>
31               <td>总计</td>
32               <td>1180</td>
33             </tr>
34             <!-- 省略 3-6 月的类似 HTML 代码 -->
35           </tfoot>
```

```
36         </table>
37      </body>
38   </html>
```

2.4 列表

在制作网页时,往往会遇到一大堆杂乱无章的材料需要整理,如何把它们用清晰、美观的版式表现出来,这就要用到 HTML 语言中的列表标签。列表标签是一个很重要的格式设置方法,它可以把那些具有相同属性的内容以清晰、简洁、易于阅读的方式呈现在读者面前,所以深受网页设计者的喜爱,在网页设计中得到了广泛的应用。

在 HTML 语言中共有 5 种类型的列表:无序列表、有序列表、定义列表、菜单列表和目录列表,常用的有无序列表和有序列表。下面分别对这几种列表的使用方法进行介绍。

2.4.1 无序列表

无序列表可用来排列无特定顺序的内容,各个列表项之间没有先后顺序之分,它通常使用一个项目符号来标记各个列表项,常用的项目符号有圆圈、圆点和方点。

无序列表的 HTML 标签是< ul >……</ul >,它有一个 type 属性,用来标记每一个列表项前所用的项目符号类型。

type=disc 圆点(默认值)

type=circle 圆圈

type=square 方点

在无序列表中用< li >……</li >标签来标记每一个列表项,下面几种列表也用该标签来标记列表项。可以通过例 2-4-1 来看看效果。

例 2-4-1 无序列表

```
1    < html >
2       < head >
3          <title>无序列表效果</title>
4       </head >
5       < body >
6        < ul type = "square">
7            <li><h3>无序列表</h3></li>
8            <li>上网工具</li>
9            <li>文件工具</li>
10           <li>下载工具</li>
11         <li>上传工具 </li>
12        </ul >
13   </body>
14   </html >
```

其运行效果如图 2-4-1 所示。

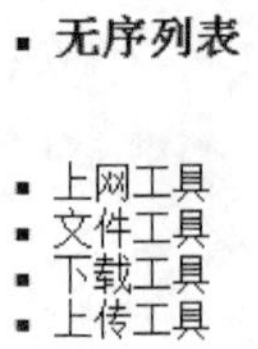

■ **无序列表**

■ 上网工具
■ 文件工具
■ 下载工具
■ 上传工具

图 2-4-1 无序列表

2.4.2 有序列表

有序列表就是按照一定的排列顺序来排列内容,各个列表项之间有先后顺序之分,它通常使用编号来标记各个列表项,可以根据需要选择编号的类型和起始号码。

有序列表的 HTML 标签是< ol >……</ol >,其中的 type 属性用来设置每一个列表项前所用的标记类型。

type＝1 阿拉伯数字 1、2、3……(默认值)

type＝A 大写英文字母 A、B、C……

type＝a 小写英文字母 a、b、c……

type＝I 大写罗马数字Ⅰ、Ⅱ、Ⅲ……

type＝i 小写罗马字母 i、ii、iii……

start 属性用来设置编号的起始号码,默认值为 1。对于不同的 type 属性设置,start 属性一律以数字表示,例如对于一个 type＝A 的有序列表,设置 start＝3,该列表将从字母 c 开始往下排列。下面通过例 2-4-2 来看看效果。

例 2-4-2 有序列表

```
1    < html >
2        < head >
3          <title>有序列表效果</title>
4        </head >
5        < body >
6         < ol type = "A">
7           < li type = "A"><h3 >有序列表</h3 ></li>
8           <li>打开文件菜单</li>
9           <li>单击保存命令</li>
10          <li>出现保存对话框</li>
11          <li>重新命名文件名</li>
12          <li>单击保存命令</li>
13         </ol>
14       </ body >
15   </html >
```

其运行效果如图 2-4-2 所示。

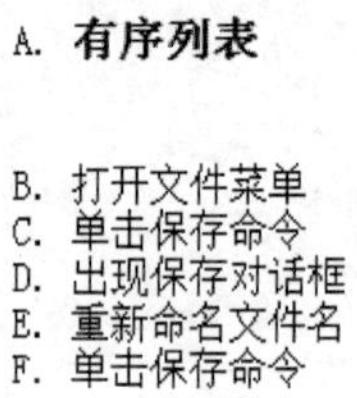

2.4.3 定义列表

定义列表一般用来定义一个名词,它就像字典中解释名词的排列格式一样,名词都是靠左对齐,对名词的解释向右缩进排列。

定义列表的 HTML 标签是< dl >……</dl >,其中各列表项的标

A. **有序列表**

B. 打开文件菜单
C. 单击保存命令
D. 出现保存对话框
E. 重新命名文件名
F. 单击保存命令

图 2-4-2 有序列表

签为：

< dt >……</dt>表示待定义的名词

< dd >……</dd>表示对名词的解释

下面通过例 2-4-3 来看看效果。

例 2-4-3 定义列表

```
1    <html>
2        <head>
3            <title>定义列表效果</title>
4        </head>
5        <body>
6         定义列表
7            <dl>
8             <dt><b>横幅广告管理器</b></dt>
9             <dd>所谓横幅广告管理器实际上就是一个广告看板,它将多幅图片按照一定的顺序
10    显示出来,就像我们常见到的 gif 动画一样,不但可以改变图片之间的时间间隔,而且还可以在
11    各幅图像之间设置特殊的过渡效果。</dd>
12            </dl>
13        </body>
14    </html>
```

其运行效果如图 2-4-3 所示。

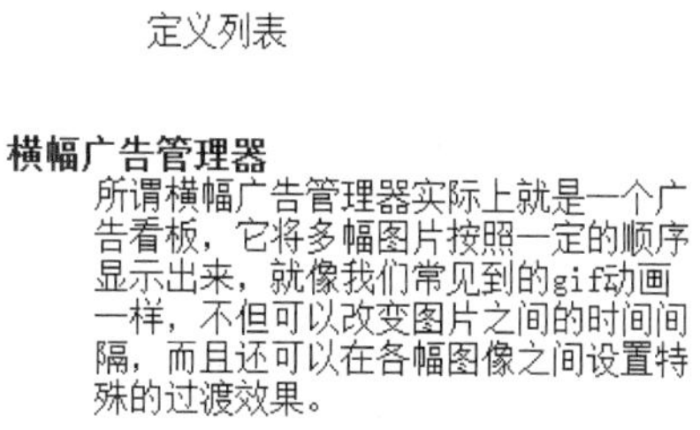

定义列表

横幅广告管理器
所谓横幅广告管理器实际上就是一个广
告看板，它将多幅图片按照一定的顺序
显示出来，就像我们常见到的gif动画
一样，不但可以改变图片之间的时间间
隔，而且还可以在各幅图像之间设置特
殊的过渡效果。

图 2-4-3 定义列表

2.4.4 菜单列表

菜单列表在浏览器中的显示效果和无序列表是相同的,menu 标签是成对出现的,以
< menu >开始,以</menu>结束,通常用于设计单列的菜单列表。

其语法为：

```
< menu >
<li>列表项</li>
<li>列表项</li>
<li>列表项</li>
……
</menu >
```

下面通过例 2-4-4 来看看效果。

例 2-4-4　菜单列表

```
1    <html>
2      <head>
3        <title>定义列表效果</title>
4      </head>
5    <body>
6        <b>民族风情</b>
7        <menu>
8          <li> 云南旅游布依族 </li>
9          <li>云南旅游景颇族 </li>
10         <li>云南旅游泸沽湖介绍 </li>
11         <li>云南旅游傣族泼水节 </li>
12         <li>石宝山歌会 </li>
13         <li>普米族节日</li>
14       </menu>
15     </body>
16   </html>
```

其运行效果如图 2-4-4 所示。

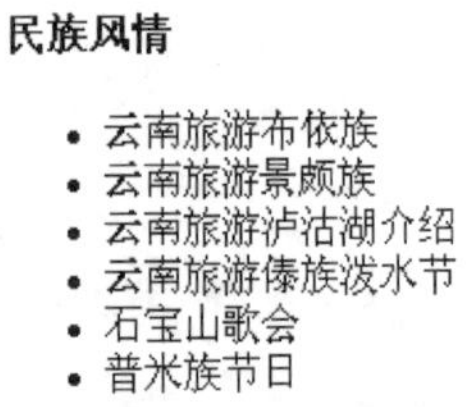

说明：

在该语法中，< menu >和</menu >标示着菜单列表的开始和结束。

2.4.5　目录列表

通常用于设计一个多列的目录列表，用来显示一系列的列表内容。目录列表的 HTML 标签是< dir >……</dir >。

菜单列表和目录列表标签与无序列表标签的用法基本一样，在一些特别的浏览器中可能表现出有序列表的效果。由于菜单列表标签和目录列表标签不为 W3C 所认可，所以一般情况下不要使用，而代之以无序列表和有序列表，这样可以保证网页有较好的兼容性。

民族风情

- 云南旅游布依族
- 云南旅游景颇族
- 云南旅游泸沽湖介绍
- 云南旅游傣族泼水节
- 石宝山歌会
- 普米族节日

图 2-4-4　菜单列表

2.5　制作滚动效果

通过前面的学习，我们已经能够很好地控制各种段落文字、图片的显示方式，不过无论怎么设置，文字和图片都是静态的。本节将讲述如何让页面中的文字和图片滚动起来，并且控制其滚动效果。

2.5.1　滚动文字

marquee 标记用于在浏览区域中滚动文字。这个标记只适用于 IE3 以后版本的浏览器。其默认从右向左循环滚动。其格式为< marquee >文字内容</marquee >。下面编写示例 2-5-1 来看看其效果。

例 2-5-1 文字滚动效果

```
1    <html>
2        <head>
3            <title>文字滚动效果</title>
4        </head>
5        <body>
6            文字滚动示例(默认):
7            <marquee>看到没,我在滚动哟!</marquee>
8        </body>
9    </html>
```

运行结果如图 2-5-1 所示。

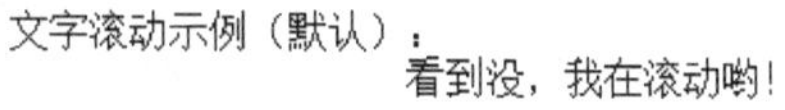

文字滚动示例(默认):

看到没,我在滚动哟!

图 2-5-1　文字滚动效果

2.5.2　设置滚动方向

marquee 标签的 direction 属性用于设定活动字幕的滚动方向,其属性值有 down、left、right、up,分别代表向下、向左、向右、向上,其代码如下:

<marquee direction = "down">设定活动字幕的滚动方向向下</marquee>

<marquee direction = "left">设定活动字幕的滚动方向向左</marquee>

<marquee direction = "right">设定活动字幕的滚动方向向右</marquee>

<marquee direction = "up">设定活动字幕的滚动方向向上</marquee>

2.5.3　设置滚动其他属性

marquee 标签的其他属性说明如下:

behavior 表示滚动的方式,值可以是 scroll(连续滚动)、slide(滑动一次)、alternate(往返滚动)。

loop 表示循环的次数,值是正整数,默认为无限循环。

scrollamount 表示运动速度,值是正整数,默认为 6。

scrolldelay 表示停顿时间,值是正整数,默认为 0,单位是毫秒。

align 表示元素的垂直对齐方式,值可以是 top、middle、bottom,默认为 middle。

bgcolor 表示运动区域的背景色,值是十六进制的 RGB 颜色,默认为白色。

height、width 表示运动区域的高度和宽度,值是正整数(单位是像素)或百分数,默认 width=100% height 为标签内元素的高度。

hspace、vspace 表示元素到区域边界的水平距离和垂直距离,值是正整数,单位是像素。

onmouseover=this.stop( ) onmouseout=this.start( )表示当鼠标在以上区域时滚动停止,当鼠标移开时又继续滚动。

2.5.4　滚动图片

制作图片的滚动效果和文字滚动的方法一样,同样使用< marquee ></marquee >标签,
编写格式为< marquee >< img src＝"图片地址" /></marquee >。

在制作滚动图片时,marquee 标签的属性也是有效的,其编写代码如例 2-5-2 所示。

例 2-5-2　图片滚动效果

```
1    < html >
2        < head >
3            < title>图片滚动效果</title>
4        </head >
5        < body >
6            图片滚动示例
7            < marquee scrollamount = "10" direction = "up">< img src = "QQ.JPG"></marquee >
8        </body >
9    </html >
```

运行结果如图 2-5-2、图 2-5-3 所示。

图片滚动示例（默认）：

图片滚动示例（默认）：

图 2-5-2　图片滚动效果 1

图 2-5-3　图片滚动效果 2

2.6　层

2.6.1　层的基本概念

< div>标签在 Web 标准的网页中使用非常频繁,那么相对于其他 HTML 继承而来的
元素,< div>有什么特别之处吗？答案令人失望,它并没有什么特性,一定要说其特性,不过
就是一种块级元素。正因为< div>没有任何特性,所以更容易被 CSS 控制样式。

< div>标签可以把文档分割为独立的、不同的部分。它可以作内容的组织工具,并且不
使用任何格式与其关联。

在没有 CSS 样式的帮助下,< div>标签没有任何特别之处,只是无论怎么调整浏览器,
每个 div 标签都是占据一行,即:默认情况下,一行只能容纳一个 div 标签,为了证明一行只

能容纳一个 div 标签,我们来制作一个例子。这里给 div 加上 id 属性,并为其加上 CSS 样式,使 div 拥有背景色以及宽度,其编写代码如例 2-6-1 所示。

例 2-6-1　设置背景的 div 标签

```
1    <html>
2      <head>
3        <title>图片滚动效果</title>
4        <style type = "text/css">
5          #1{
6              background - color: #aaa;
7          }
8          #2{
9              background - color: #bb2;
10             width:250px;
11         }
12         #3{
13             background - color: #23a;
14         }
15       </style>
16     </head>
17     <body>
18       <div id = "1">第一个 div 标签中的内容</div>
19       <div id = "2">第二个 div 标签中的内容</div>
20       <div id = "3">第三个 div 标签中的内容</div>
21     </body>
22   </html>
```

其运行效果如图 2-6-1 所示。

图 2-6-1　设置背景的 div 标签

通过设置背景,可以看出 div 标签默认占据一行,宽度也是一行的宽度。通过设置宽度可以看出,并不是因为 div 宽度为一行导致无法容纳后面的 div 标签。无论宽度多小,一行始终只有一个 div 标签。

在大多数情况下,div 只有与 CSS 样式配合使用才能体现出 div 的作用。

注意:

上述代码中所用到的 style(样式)在后面的章节将会讲到。这里使用样式只是为了帮助初学者更好地了解层的特点。

2.6.2　插入层

与其他 HTML 标签一样,只需要应用< div ></div>标签,将内容放置其中,便可以应用< div >标签。但是要注意的是< div >标签只是个容器,作用是把相关内容组成一个块装区域。

< div >标签中除了直接放置文本之外,也可以放入其他标签,还可以把多个< div >进行嵌套使用,最终目的是合理地组织网页内容区域。

总结

> 使用< table ></table >标签可以创建表格。
> 使用< tr ></tr>标签可以为表格创建行。
> 使用< td ></td>标签可以为表格的行创建数据单元格。
> 使用< th ></th>标签可以为单元格的首行或首列创建标题单元格。
> 表格的数据放置在单元格标签中。
> 使用< caption ></caption>标签可以为表格创建标题。
> 使用 colspan 属性或 rowspan 属性可以实现相邻单元格合并。
> 使用< ol ></ol>标签可以创建有序列表,使用< ul ></ul>标签可以创建无序列表。
> 使用< li ></li>标签可以为列表创建列表项目。
> 使用< marquee >< marquee >标签可以实现图片或文字的滚动。
> 使用< div >< div >标签控制页面布局。

课后习题

(1) 分析下面的 HTML 代码片段,则选项中的说法错误的是(　　)。(选择两项)

```
1    < table border = "10" bordercolor = "yellow cellspacing = "0" cellpadding = "5 >
2    < tr bgcolor = "red">
3    < td colspan = "2">书籍</td>
4    < td colspan = "3">书籍</td>
5    </tr>
6    < tr>\
7    < td>图书</td><td>杂志</td><td>磁带</td><td>CD</td><td>DVD</td>
8    </tr>
9    </table >
```

  A. 表格共 5 列,"书籍"跨 2 列,"音像"跨 3 列
  B. 表格的背景颜色为 yellow
  C. "书籍"和"音像"所在行的背景为 red
  D. 表格中文字与边框距离为 0,表格内框宽度为 5

(2) 分析下面的 HTML 代码片段,则选项中的说法正确的是(　　)。(选择两项)

```
1    < table border = "10">
2    < tr >< td colspan = 2 align = "center">姓名</td></tr>
3    < tr >< td rowspan = 2align = "center">成绩</td>< td align = "center">语文</td></tr>
```

```
4    <tr><td colspan = 2 align = "center">数学</td></tr>
5    </table>
```

    A. 该表格共有 2 行 3 列

    B. 该表格的边框宽度为 10mm

    C. 该表格中的文字均居中显示

    D. "姓名"单元格跨 2 列

（3）在 HTML 中，下面（   ）标签用于定义表的单元格。（选择一项）

    A. < table >   B. < body >

    C. < td >   D. < tr >

（4）在 HTML 页面中，要显示如下图所示的表格，应在下方 HTML 代码的下画线处填写（   ）。（选择一项）

```
1    < table border = "1">
2    <tr><td _____ = "2">性别</td></tr>
3    <tr><td>男</td><td>女</td></tr>
4    </table>
```

    A. rows   B. cols

    C. rowspan   D. colspan

（5）分析下面的 HTML 语句，以下选项中说法正确的是（   ）。（选择两项）

```
1    < table width = "50" height = "100" border = "15" bordercolor = "red">……
2    </table>
```

    A. 该表格的高度等于 100 像素

    B. 该表格的宽度为当前浏览器窗口高度的 50%

    C. 该表格的边框宽度为 15 像素

    D. 该表格的背景颜色为红色

（6）分析下面的 HTML 代码片段，则选项中的说法错误的是（   ）。（选择一项）

```
1    < table border = "2">
2        < tr bgcolor = "yellow">
3            < td bgcolor = "red">1 月</td>
4            < td>2 月</td>
5            < td bgcolor = "green">3 月</td>
6        </tr>
```

```
7          < tr bgcolor = "gray">
8             < td bgcolor = "red">5 月</td>
9              < td>6 月</td>
10            < td bgcolor = "green">7 月</td>
11         </tr>
12  </table>
```

    A. "1 月"单元格的背景色为红色(red)

    B. "2 月"单元格的背景色为网页背景色

    C. "6 月"单元格的背景色为灰色(gray)

    D. "7 月"单元格的背景色为绿色(green)

(7) 在 HTML 文档中,< td >标签的(　　　)属性可以创建多个行的单元格。(选择一项)

    A. spancol   B. row

    C. rowspan   D. span

(8) 在 HTML 中,通过< table >标签的(　　　)属性指定表格的边框宽度。(选择一项)

    A. size   B. height

    C. border   D. bordercolor

(9) 在 HTML 中,可以使用行和列的表格来显示数据,下面(　　　)标签用户在 HTML 文档中创建表格。(选择一项)

    A. < table ></table >   B. < p ></p >

    C. < body ></body >   D. < head ></head >

(10) 在 HTML 页面中,要实现如下图所示的效果,选项中代码正确的是(　　　)。(选择一项)

    A. < table border=1 >

        < tr >< td rowspan=2 >姓名</td ></tr >

        < tr >< td colspan=2 >成绩</td >< td >语文</td ></tr >

        < tr >< td >数学</td ></tr >

    </table >

    B. < table border=1 >

        < tr >< td colspan=2 >姓名</td ></tr >

        < tr >< td rowspan=2 >成绩</td >< td >语文</td ></tr >

        < tr >< td >数学</td ></tr >

    </table >

C. < table border=1 >

    < tr >< td colspan=2 >姓名</td ></tr >

    < tr >< td rowspan=2 >成绩</td ></tr >

    < tr >< td >语文</td >< td >数学</td ></tr >

  </table >

D. < table border=1 >

    < tr >< td colspan=2 >姓名</td ></tr >

    < tr >< td rowspan=2 >成绩</td >< td >语文</td >< td >数学</td ></tr >

  </table >

（11）在 HTML 中，以下（　　）属性可以用来设置表格中文字与边框的距离。（选择一项）

A. border   B. cellpadding

C. cellspacing   D. bordercolor

（12）在 HTML 页面中，要创建一个 1 行 2 列的表格，下面语句正确的是（　　）。（选择一项）

A. < table >

    < td >< tr >单元格 1</tr >< tr >单元格 2</tr ></td >

  </table >

B. < table >

    < tr >< td >单元格 1</td >< td >单元格 2</td ></tr >

  </table >

C. < table >

    < tr >< td >单元格 1</td ></tr >

    < tr >< td >单元格 2</td ></tr >

  </table >

D. < table >

    < td >< tr >单元格 1</tr ></td >

    < td >< tr >单元格 2</tr ></td >

  </table >

（13）运用表格编写如下图所示效果对应的 HTML 代码。

（14）运用有序列表编写如下图所示效果对应的 HTML 代码。

图像设计软件

    h. Photoshop
    i. CorelDraw
    j. Fireworks
    k. Illustrator

（15）运用有序无序嵌套编写如下图所示效果对应的 HTML 代码。

图像设计软件

    o Photoshop
        a. Adobe公司出品
        b. 图像处理软件
    o CorelDraw
        A. Corel公司出品
        B. 图形图像软件
    o Fireworks
        i. Macromedia公司出品
        ii. 网络图形软件
    o Illustrator
        I. Adobe公司出品
        II. 矢量绘图软件

（16）运用图层完成公告栏，其效果如下图所示。

第3章

表单与表单元素

本章目标

➢ 理解表单的作用
➢ 理解表单与表单元素的关系
➢ 掌握表单标签及其属性
➢ 掌握各种表单元素标签及其属性
➢ 认识表单提交

本章单词

请在预习时学会下列单词的含义和发音,并填写在横线处。

1. from:_____
2. action:_____
3. password:_____
4. input:_____
5. radio:_____
6. checkbox:_____
7. submit:_____
8. reset:_____
9. button:_____
10. image:_____
11. hidden:_____
12. select:_____
13. option:_____
14. value:_____
15. textarea:_____

3.1　表单

表单是一个包含表单元素的区域,是一个一组数据的容器。表单在网页中的作用不可小视,主要负责数据采集的功能,例如可以采集访问者的名字和 e_mail 地址、调查表、留言簿等。

3.1.1　表单的组成

一个表单有 3 个基本组成部分。

表单标签:这里面包含了处理表单数据所用 CGI 程序的 URL 以及数据提交到服务器的方法。

表单域:包含了文本框、密码框、隐藏域、多行文本框、复选框、单选框、下拉选择框和文件上传框等。

表单按钮:包括提交按钮、复位按钮和一般按钮,用于将数据传送到服务器上的 CGI 脚本或者取消输入,还可以用表单按钮来控制其他定义了处理脚本的处理工作。为了顾及不同的网页设计工具,本文只讲述代码的设计,不具体讲述操作方法,下面就是表单的 HTML代码设计要点。

3.1.2　表单标签< form ></form >

功能:用于声明表单,定义采集数据的范围,也就是< form >和</form >里面包含的数据将被提交到服务器或者电子邮件里。

语法:< form action="url" method="get|post" name="mime" target="...">...
　　　.</form >

用法如例 3-1-1 所示。

例 3-1-1　表单演示

```
1    < html >
2      < head >
3        <title>表单示例</title>
4      </head>
5      < body >
6        < form name = "login" method = "get" action = "dlcg. html" name = "form_name" enctype =
7    " TEXT/plain" target = "_top" >
8          [浏览者在此填写表单数据.]
9        < form >
10     </body >
11   </html>
```

其运行效果如图 3-1-1 所示。

图 3-1-1 表单演示

3.2 表单元素

表单的数据需要用表单元素来实现浏览者的输入,表单中包含的文本框、密码框等即为表单元素,其他的表单元素还有单选按钮、复选按钮、文件域、隐藏域、提交按钮、重置按钮、自定义命令按钮、图像按钮、多行文本域、列表框等,下面将分别介绍。

3.2.1 <input />标签

<input />标签可在表单中创建常用的表单元素,如文本框、密码框、单选按钮、复选框、文件域、隐藏域、提交按钮、重置按钮、自定义命令按钮、图像按钮等。

下面演示在表单中使用<input/>标签创建文本框和提交按钮。

例 3-2-1 input 标签演示 1

```
1   <html>
2   <head>
3       <title>input 示例</title>
4   </head>
5   <body>
6       <form>
7           请输入要查询的书籍名称
8           <input />
9           <input type = "submit" />
10      <form>
11  </body>
12  </html>
```

其运行结果如图 3-2-1 所示。

请输入要查询的书籍名称 ▭▭▭▭▭ ▭提交查询内容▭

图 3-2-1　input 标签演示

说明：

代码中两个< input/>标签分别创建了一个文本框和一个提交按钮，< input/>标签的type 属性用于设置< input/>标签创建哪种类型的表单元素，这个属性的默认值为 text（即文本框），不同类型的表单元素有不同的外观，浏览者对其操作方式也不同。

例 3-2-2 演示了对< input/>标签的 type 属性赋予不同的值，从而创建出不同类型的表单输入元素。

例 3-2-2　input 标签演示 2

```
1    < html >
2        < head >
3            < title > input 示例</title>
4        </head >
5        < body >
6            < h1 >在这里填写会员注册资料< h1/>
7            < form >
8                会员名：< input type = "text"/>< br/>
9                登录密码：< input type = "password"/>< br/>
10               性别：< input type = "radio"/>男
11                   < input type = "radio"/>女< br/>
12               婚姻状况：< input type = "checkbox"/>已婚< br/>
13               相片：< input type = "file"/>< br/>
14               < input type = "submit"/ value = "注册">< br/>
15               < input type = "reset"/>< br/>
16           </form >
17       </body >
18   </html >
```

其运行结果如图 3-2-2 所示。

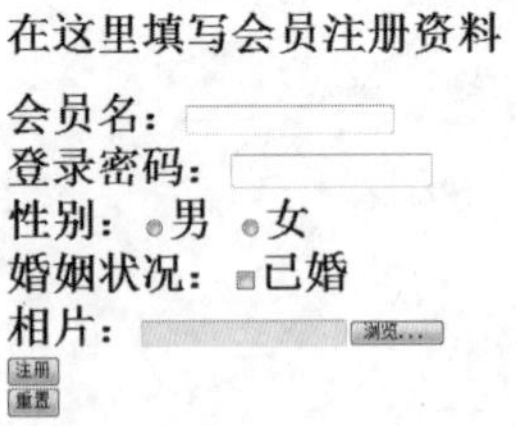

在这里填写会员注册资料

会员名：▭▭▭▭
登录密码：▭▭▭
性别：○男 ○女
婚姻状况：☐已婚
相片：▭▭▭ 浏览...
注册
重置

图 3-2-2　input 标签演示 2

说明：

代码中的各个< input/>标签依次创建了文本框、密码框、单选按钮、复选框、文件域、提交按钮、重置按钮。

type 属性可用的值以及相应的意义见表 3-2-1。

表 3-2-1 ＜input/＞标签的 type 属性

值	意 义
button	定义可点击按钮(多数情况下,用于通过 JavaScript 启动脚本)
checkbox	定义复选框
file	定义输入字段和"浏览"按钮,供文件上传
hidden	定义隐藏的输入字段
image	定义图像形式的提交按钮
password	定义密码字段,该字段中的字符被掩码
radio	定义单选按钮
reset	定义重置按钮,重置按钮会清除表单中的所有数据
submit	定义提交按钮,提交按钮会把表单数据发送到服务器
text	定义单行的输入字段,用户可在其中输入文本,默认宽度为 20 个字符

除 type 属性用于设置＜input/＞标签的类型之外,＜input/＞还支持其他一些属性,用于设置其名称、初始值、图像地址、选中与否的状态等。

例 3-2-3 综合演示了＜input/＞标签及其属性的使用。

例 3-2-3 综合演示 input 标签

```
1   <html>
2     <head>
3       <meta http-equiv="Content-Type" content="text/html; charset=gb2312" />
4       <title>HTML input 标签示例</title>
5     </head>
6     <body>
7       <form id="dreamdu" action="http://www.dreamdu.com/dreamdu.php" method=
8   "post" enctype="multipart/form-data">
9         <p>
10          用户名和密码:
11          <input id="hiddenField" name="hiddenField" type="hidden" value=
12  "hiddenvalue" />
13          用户名:
14          <input type="text" id="username" name="username" value="dreamdu"
15  size="15" maxlength="25" />
16          密码:
17          <input type="password"id="pass"name="pass"size="15"maxlength="25"/>
18        </p>
19        <p>
20          网站建设服务:
21          注册域名 <input type="radio" value="注册域名" id="service1" name=
22  "service" />
23          购买空间 <input type="radio" value="购买空间" id="service2" name=
24  "service" />
25          购买云主机 <input type="radio" value="购买云主机" id="service3"
26  name="service" />
```

```
27              网站定位与策划 < input type = "radio" value = "网站定位与策划" id =
28    "service4" name = "service" />
29              网站建设与制作 < input type = "radio" value = "网站建设与制作" id =
30    "service5" name = "service" />
31              网站推广 < input type = "radio" value = "网站推广" id = "service6" name =
32    "service" />
33              网站运营 < input type = "radio" value = "网站运营" id = "service7" name =
34    "service" />
35              SEO 服务 < input type = "radio" value = "SEO 服务" id = "service8" name =
36    "service" />
37            </p>
38          < p >
39            个人发展方向:
40            游戏人生 < input type = "checkbox" value = "游戏人生" id =
41    "direction1" name = "direction1" />
42            美工设计 < input type = "checkbox" value = "美工设计" id =
43    "direction2" name = "direction2" />
44            编程开发 < input type = "checkbox" value = "编程开发" id =
45    "direction3" name = "direction3" />
46            运营与管理 < input type = "checkbox" value = "运营与管理" id =
47    "direction4" name = "direction4" />
48            创业 < input type = "checkbox" value = "创业" id = "direction5" name =
48    "direction5" />
49            </p>
50          < p >
51            照片:
52            个性照片上传
53            < input type = "file" id = "myimage" name = "myimage" size = "35" maxlength =
54    "255" />
55            </p>
56          < p >
57            提交:
58            < input type = "submit" value = "submit" id = "submit" name = "submit" />
59            < input type = "reset" value = "reset" id = "reset" name = "submit" />
60            </p>
61        < /form >
62      < /body >
63    < /html >
```

其运行结果如图 3-2-3 所示。

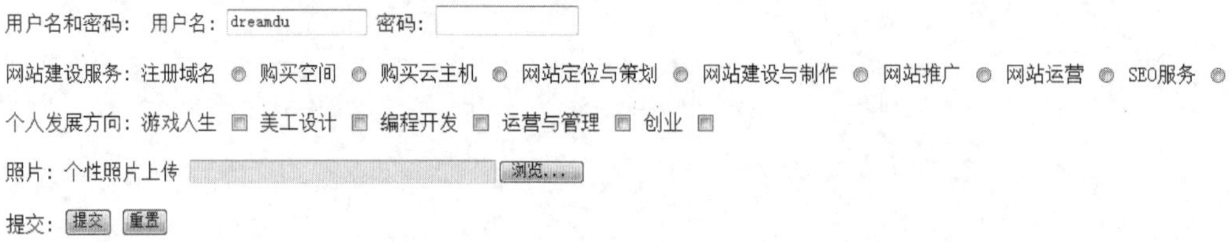

图 3-2-3   综合演示 input 标签

有关<input/>标签的属性,见表 3-2-2。

表 3-2-2　<input/>标签的属性

属　　性	值	描　　　述
accept	mime_type	规定通过文件上传来提交的文件的类型
alt	text	定义图像输入的替代文本
checked	checked	规定此 input 元素首次加载时应当被选中
disabled	disabled	当 input 元素加载时禁用此元素
maxlength	number	规定输入字段中的字符的最大长度
name	field_name	定义 input 元素的名称
readonly	readonly	规定输入字段为只读
size	number_of_char	定义输入字段的宽度
src	URL	定义以提交按钮形式显示的图像的 URL
type	button checkbox file hidden image password radio reset submit text	规定 input 元素的类型
value	value	规定 input 元素的值

3.2.2　<textarea></textarea>标签

<textarea></textarea>是多行文本框,满足用户多行输入的要求。

其用法如例 3-2-4 所示。

例 3-2-4　textarea 标签演示

```
1    <html>
2        <head>
3            <title>HTML input 标签示例</title>
4        </head>
5        <body>
6            <form>
7                简介:<textarea>在此填写你最近两年来的工作经验</textarea>
8            </form>
9        </body>
10   </html>
```

其运行结果如图 3-2-4 所示。

说明位于<textarea></textarea>标签之间的文字是它的初始默认文本。

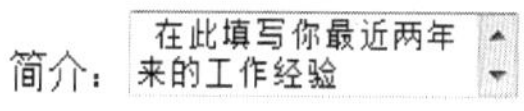

简介: 在此填写你最近两年来的工作经验

图 3-2-4　textarea 标签演示

与<input>标签一样,<textarea></textarea>标签也支持 id、name、disabled 等属性。另外还支持 cols、rows、wrap 等属性,具体见表 3-2-3。

表 3-2-3   <textarea>标签的属性

属　　性	描　　述
name	定义多行文本框的名称,要保证数据的准确采集,必须定义一个独一无二的名称;属性定义多行文
cols	定义多行文本框的宽度,单位是单个字符宽度
rows	定义多行文本框的高度,单位是单个字符宽度
disabled	定义禁用文本区,被禁用的文本区既不可用,也不可单击
readonly	定义文本区为只读,在只读的文本区中,无法对内容进行修改
wrap	定义输入内容大于文本域时显示的方式,可选值如下: 默认值是文本自动换行,当输入内容超过文本域的右边界时会自动转到下一行,而数据在被提交处理时自动换行的地方不会有换行符出现; off,用来避免文本换行,当输入的内容超过文本域右边界时,文本将向左滚动,必须用 Return 才能将插入点移到下一行; virtual,允许文本自动换行,当输入内容超过文本域的右边界时会自动转到下一行,而数据在被提交处理时自动换行的地方不会有换行符出现; physical,让文本换行,当数据被提交处理时换行符也将被一起提交处理

例 3-2-5 演示了多行文本域属性的使用。

例 3-2-5   多行文本域属性的使用

```
1     <html>
2        <head>
3           <title>多行文本域属性的使用</title>
4        </head>
5        <body>
6           <form>
7              简介:<textarea name = "textarea" cols = "40" rows = "6">狐狸为躲避猎人们追赶
8     而逃窜,恰巧遇见了一个樵夫,便请求让他躲藏起来,樵夫叫狐狸去他的小屋里躲着。一会儿,许
9     多猎人赶来,向樵夫打听狐狸的下落,他嘴里一边大声说不知道,又一边做手势,告诉他们狐狸
10    躲藏的地方。猎人们相信了他的话,并没留意他的手势。狐狸见猎人们都走远了,便从小屋出来,
11    什么都没说就走。樵夫责备狐狸,说自己救了他一命,一点谢意都不表示。狐狸回答说:"如果你
12    的手势与你的语言是一致的,我就该好好地感谢你了。"</textarea>
13          </form>
14       </body>
15    </html>
```

其运行结果如图 3-2-5 所示。

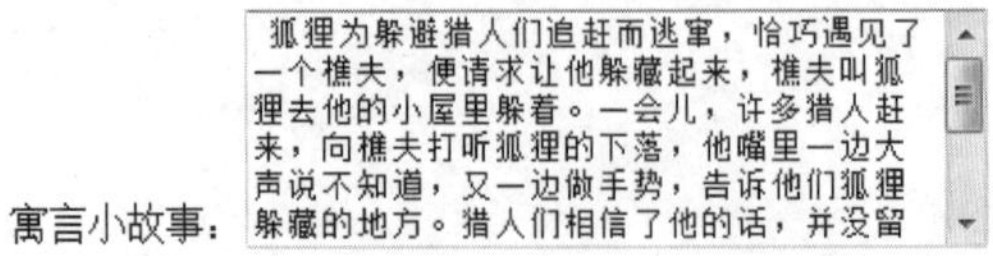

图 3-2-5   多行文本域属性的使用

3.2.3　< select ></select >及< option ></option >

< select ></select >标签对用来创建一个菜单下拉列表框。此标签对用于< form ></form >标签对之间。< select >具有 multiple、name 和 size 属性。multiple 属性不用赋值，直接加入标签中即可使用，加入了此属性后列表框就成了可多选的了；name 是此列表框的名字，它与上边讲的 name 属性作用是一样的；size 属性用来设置列表的高度，默认值为 1，若没有设置 multiple 属性，显示的将是一个弹出式的列表框。

< option >标签用来指定列表框中的一个选项，它放在< select ></select >标签对之间。此标签具有 selected 和 value 属性，selected 用来指定默认的选项，value 属性用来给< option >指定的那一个选项赋值，这个值是要传送到服务器上的，服务器正是通过调用< select >区域的名字的 value 属性来获得该区域选中的数据项的。

例 3-2-6 演示了下拉列表的使用。

例 3-2-6　下拉列表框

```
1    < html >
2      < head >
3        <title>下拉列表框</title>
4      </head >
5      < body >
6        < form action = "" method = "post">
7          <p>请选择最喜欢的女歌星：
8          < select >
9            < option >-- 请选择 --</option >
10           < option >张曼玉</option >
11           < option >王菲</option >
12           < option >田震</option >
13           < option >那英</option >
14         </select >
15       </form >
16     </body >
17   </html >
```

其运行结果如图 3-2-6 所示。

图 3-2-6　下拉列表框

说明：

要创建列表框及其选项，需要使用< select ></select >和< option ></option >标签嵌套。< option ></option >表示列表中的一个选项，放置在这一对标签之间的文本是这个选项显示给浏览者的文字。

< option ></option >选项标签支持一些属性，可用于设置这个选项表示的数据，以及设

定它是否在初始状态下被选中,见表 3-2-4。

表 3-2-4 ＜option＞＜/option＞标签的属性

属　　性	描　　述
value	用来给＜option＞指定的那一个选项赋值,这个值是要传送到服务器上的,服务器正是通过调用＜select＞区域的名字的 value 属性来获得该区域选中的数据项
selected	用来指定默认的选项

例 3-2-7 演示了＜option＞＜/option＞标签属性的使用。

例 3-2-7　＜option＞＜/option＞标签属性

```
1    <html>
2      <head>
3        <title>下拉列表框</title>
4      </head>
5      <body>
6        <form action = "" method = "post">
7          <p>请选择最喜欢的女歌星:
8          <select>
9            <option value = "">-- 请选择 -- </option>
10           <option value = "zhmy">张曼玉</option>
11           <option value = "wf" selected>王菲</option>
12           <option value = "tzh">田震</option>
13           <option value = "ny">那英</option>
14         </select>
15       </form>
16     </body>
17   </html>
```

其运行结果如图 3-2-7 所示。

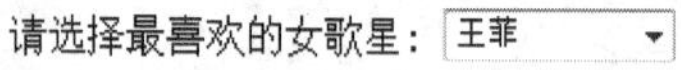

请选择最喜欢的女歌星:　王菲　　▼

图 3-2-7　＜option＞＜/option＞标签属性

＜select＞＜/select＞标签也支持一些属性,用于设置名称,显示的选项数目,是否可被多选,见表 3-2-5。

表 3-2-5　＜select＞＜/select＞标签的属性

属　　性	描　　述
id	id 是定位元素时使用的,对于 UI 和表单标签它会被用作 HTML 的 id 属性
name	元素的名字,必须设置此属性才能参与表单提交
disabled	禁用此列表
size	设置列表框中的选项显示几项,未设置此属性时,列表框为下拉形式;设置此属性后,列表框将展开为列表形式
multiple	设置列表框的选项可被浏览者多选

例 3-2-8 演示了可多选的列表框。

例 3-2-8 ＜select＞＜/select＞标签的属性

```
1   <html>
2     <head>
3      <title>下拉列表框</title>
4     </head>
5     <body>
6      <form action = "" method = "post">
7       <p>请选择最喜欢的女歌星:
8       <select name = "nmx" size = "6" multiple = "multiple">
9          <option value = "">-- 请选择 --</option>
10         <option value = "zhmy">张曼玉</option>
11         <option value = "wf" selected>王菲</option>
12         <option value = "tzh">田震</option>
13         <option value = "ny">那英</option>
14         <option value = "zw">赵薇</option>
15         <option value = "lqx">林青霞</option>
16      </select>
17     </form>
18   </body>
19  </html>
```

其运行结果如图 3-2-8 所示。

请选择最喜欢的女歌星:

图 3-2-8 ＜select＞＜/select＞标签的属性

3.2.4 ＜button＞＜/button＞标签

除了之前所述的＜input/＞标签可以为表单创建各种按钮外,还可以用＜button＞标签定义一个按钮。在 button 元素内部,可以放置内容,如文本或图像。这是该元素与使用 input 元素创建的按钮之间的不同之处。

＜button＞控件与＜input type＝"button"＞相比,提供了更为强大的功能和更丰富的内容。＜button＞与＜/button＞标签之间的所有内容都是按钮的内容,其中包括任何可接受的正文内容,如文本或多媒体内容。例如,我们可以在按钮中包括一个图像和相关的文本,用它们在按钮中创建一个吸引人的标记图像。

唯一禁止使用的元素是图像映射,因为它对鼠标和键盘敏感的动作会干扰表单按钮的行为。

与 input 标签类似,也可以设置 type、name、id、value、disabled 等属性,其属性详解见表 3-2-6。

表 3-2-6　＜button＞＜/button＞标签的属性

属　　性	描　　述
id	标签在页面内的唯一标识符
name	按钮的名字
disabled	禁用此按钮
value	通过表单传递到服务器端的数据 **注意**：此属性对 IE 浏览器无效,IE 浏览器会将＜button＞＜/button＞标签之间的文件作为此按钮的数据发送给服务器
type	按钮类型有 3 种,分别是：button,普通按钮；reset,重置表单按钮；submit,提交按钮 **注意**：此属性的默认值在不同的浏览器之间有差别,所以应显式地为此属性赋值

例 3-2-9 演示了使用＜button＞＜/button＞标签创建 3 种不同功能的按钮。

例 3-2-9　＜button＞＜/button＞标签的属性

```
1    ＜html＞
2      ＜head＞
3        ＜title＞下拉列表框＜/title＞
4      ＜/head＞
5      ＜body＞
6        ＜form action = "" method = "post"＞
7          ＜button name = "submit" type = "submit" value = "提交"＞提交＜/button＞
8          ＜button name = "reset" type = "reset"＞重置＜/button＞
9          ＜button name = "button" type = "button" ＞关闭窗口＜/button＞
10       ＜/form＞
11     ＜/body＞
12   ＜/html＞
```

其运行结果如图 3-2-9 所示。

提交　重置　关闭窗口

图 3-2-9　＜button＞＜/button＞标签的属性

3.2.5　＜label＞＜/label＞标签

＜label＞标签为 input 元素定义标注（标记）。主要用于为上述表单元素提供提示性的文字。label 元素不会向用户呈现任何特殊效果。不过,它为鼠标用户改进了可用性。如果在 label 元素内单击文本,就会触发此控件。也就是说,当用户选择该标签时,浏览器就会自动将焦点转到和标签相关的表单控件上,它的用法就是将＜label＞标签的 for 属性与某个表单元素进行绑定,一般用于单选按钮和复选框。例 3-2-10 演示了使用＜label＞＜/label＞标签。

例 3-2-10　＜label＞＜/label＞标签

```
1    ＜html＞
2      ＜head＞
3          ＜meta http - equiv = "Content - Type" content = "text/html; charset = gb2312" /＞
```

```
4          <title>HTML input 标签示例</title>
5      </head>
6      <body>
7          <form id = "dreamdu" method = "post" enctype = "multipart/form - data">
8              <p>
9                  用户名和密码:
10                     <input id = "hiddenField" name = "hiddenField" type = "hidden" value =
11     "hiddenvalue" />
12                 用户名:
13                     <input type = "text" id = "username" name = "username" value = "dreamdu" size =
14     "15" maxlength = "25" />
15                 密码:
16                     <input type = "password" id = "pass" name = "pass" size = "15" maxlength =
17     "25" />
18             </p>
19             <p>
20                 网站建设服务:
21                     <label for = "service1">注册域名</label>
22                     <input type = "radio" value = "注册域名" id = "service1" name =
23     "service" />
24                     <label for = "service2">购买空间</label>
25                      <input type = "radio" value = "购买空间" id = "service2" name =
26     "service" />
27                     <label for = "service3">购买云主机 </label>
28                     <input type = "radio" value = "购买云主机" id = "service3" name =
29     "service" />
30                     <label for = "service4">网站定位与策划 </label>
31                     <input type = "radio" value = "网站定位与策划" id = "service4" name =
32     "service" />
33                     <label for = "service2">购买空间</label>
34                 网站建设与制作 <input type = "radio" value = "网站建设与制作" id =
35     "service5" name = "service" />
36                     <label for = "service6">网站推广</label>
37                     <input type = "radio" value = "网站推广" id = "service6" name =
38     "service" />
39                     <label for = "service7">网站运营</label>
40                     <input type = "radio" value = "网站运营" id = "service7" name =
41     "service" />
42                     <label for = "service8"> SEO 服务</label>
43                     <input type = "radio" value = "SEO 服务" id = "service8" name = "service" />
44             </p>
45             <p>
46                 个人发展方向:
47                     <label>游戏人生
48                     <input type = "checkbox" value = "游戏人生" id = "direction1" name =
49     "direction1" /></label>
50                     <label>美工设计
51                     <input type = "checkbox" value = "美工设计" id = "direction2"
52     name = "direction2" /></label>
```

```
53              < label >编程开发
54              < input type = "checkbox" value = "编程开发" id = "direction3" name =
55   "direction3" /></label >
56              < label >运营与管理
57              < input type = "checkbox" value = "运营与管理" id = "direction4" name =
58   "direction4" /></label >
59              < label >创业
60              < input type = "checkbox" value = "创业" id = "direction5" name =
61   "direction5" /></label >
62          </p>
63        < p >
64            照片:
65            个性照片上传
66            < input type = "file" id = "myimage" name = "myimage" size = "35"
67   maxlength = "255" />
68          </p>
69        < p >
70            提交:
71            < input type = "submit" value = "submit" id = "submit" name = "submit" />
72            < input type = "reset" value = "reset" id = "reset" name = "submit" />
73          </p>
74      </form>
75    </body >
76  </html>
```

其运行结果如图 3-2-10 所示。

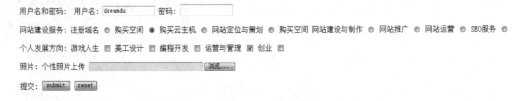

图 3-2-10   < label ></label >标签

单击单选按钮旁边的标签文本,可以选中这个单选按钮,就像这个单选按钮本身被单击一样,单击复选框旁边的标签文件,可以切换这个复选框选中与否的状态,就像单击这个复选框一样。

说明:

"网站建设服务"的单选按钮与旁边的< label ></label >标签采用了显示绑定的方式,即< label >的 for 属性值指定为要绑定的表单元素的 id 属性值,而"个人发展方向":的复选框与旁边< label >标签采用了隐式绑定的方式,即把要绑定的表单元素放置在< label ></label >的标签内部。

3.2.6   < fieldset ></fieldset >及< legend ></legend >标签

fieldset 元素可将表单内的相关元素分组。< fieldset >标签将表单内容的一部分打包,生成一组相关表单的字段。当一组表单元素放到<fieldset>标签内时,浏览器会以特殊方式来显示它们,它们可能有特殊的边界、3D效果,或者甚至可创建一个子表单来处理这些元素。<fieldset>标签没有必需的或唯一的属性。<legend>标签为fieldset元素定义标题。例3-2-11演示了使用<fieldset></fieldset>及<legend></legend>标签。

例3-2-11 <fieldset></fieldset>及<legend></legend>标签的使用

```
1    <html>
2      <head>
3          <title>HTML fieldset 标签示例</title>
4      </head>
5      <body>
6          <form method = "post" enctype = "multipart/form - data" id = "dreamduform">
7              <fieldset>
8                  <legend>用户名与密码:</legend>
9                  <input id = "hiddenField" name = "hiddenField" type = "hidden" value =
10   "hiddenvalue" />
11                 <label for = "username">用户名:</label>
12                 <input type = "text" id = "username" name = "username" value =
13   "dreamdu" />
14                 <label for = "pass">密码:</label>
15                 <input type = "password" id = "pass" name = "pass" />
16             </fieldset>
17             <fieldset>
18                 <legend>性别:</legend>
19                 <label for = "boy">男</label>
20                 <input type = "radio" value = "1" id = "sex" name = "sex" />
21                 <label for = "girl">女</label>
22                 <input type = "radio" value = "2" id = "sex" name = "sex" />
23                 <label for = "sex">保密</label>
24                 <input type = "radio" value = "3" id = "sex" name = "sex" />
25             </fieldset>
26             <fieldset>
27                 <legend>我最喜爱的:</legend>
28                 <label for = "computer">计算机</label>
29                 <input type = "checkbox" value = "1" id = "fav" name = "fav" />
30                 <label for = "trval">旅游</label>
31                 <input type = "checkbox" value = "2" id = "fav" name = "fav" />
32                 <label for = "buy">购物</label>
33                 <input type = "checkbox" value = "3" id = "fav" name = "fav" />
34             </fieldset>
35             <fieldset>
36                 <legend>对华瑞的意见:</legend>
37                 <label for = "select">你对华瑞的感觉</label>
38                 <select size = "1" id = "select" name = "select">
39                     <option>很全面,很好</option>
```

40	< option >一般般吧,还要努力</option >
41	< option >有很多问题,不过还可以</option >
42	</select >
43	</fieldset >
44	< fieldset >
45	< legend >华瑞编程语言选择:</legend >
46	< label for = "multipleselect">你想在华瑞学习的编程语言</label >
47	< select size = "10" multiple = "multiple" id = "multipleselect"
48	name = "multipleselect">
49	< option > XHTML </option >
50	< option > CSS </option >
51	< option > JAVASCRIPT </option >
52	< option > XML </option >
53	< option > PHP </option >
54	< option > C♯</option >
55	< option > JAVA </option >
56	< option > C++</option >
57	< option > PERL </option >
58	</select >
59	</fieldset >
60	< fieldset >
61	< legend >我要在华瑞学:</legend >
62	< label for = "WebDesign">选择一个你在华瑞最想学的</label >
63	< select id = "WebDesign" name = "WebDesign">
64	< optgroup label = "client">
65	< option value = "HTML"> HTML </option >
66	< option value = "CSS"> CSS </option >
67	< option value = "javascript"> javascript </option >
68	</optgroup >
69	< optgroup label = "server">
70	< option value = "PHP"> PHP </option >
71	< option value = "ASP"> ASP </option >
72	< option value = "JSP"> JSP </option >
73	</optgroup >
74	< optgroup label = "database">
75	< option value = "Access"> Access </option >
76	< option value = "MySQL"> MySQL </option >
77	< option value = "SQLServer"> SQLServer </option >
78	</optgroup >
79	</select >
80	</fieldset >
81	< fieldset >
82	< legend >个人化信息:</legend >
83	< label for = "myimage">个性照片上传</label >
84	< input type = "file" id = "myimage" name = "myimage" size = "35" maxlength =
85	"255" />

```
86              < label for = "contactus">联系我们</label>
87              < textarea cols = "50" rows = "10" id = "contactus" name = "contactus">
88              </textarea >
89          </fieldset >
90          < fieldset >
91              < legend>提交:</legend >
92              < input type = "submit" value = "submit" id = "submit" name = "submit" />
93              < input type = "reset" value = "reset" id = "reset" name = "reset" />
94          </fieldset >
95      </form >
96    </body >
97  </html>
```

其运行结果如图 3-2-11 所示。

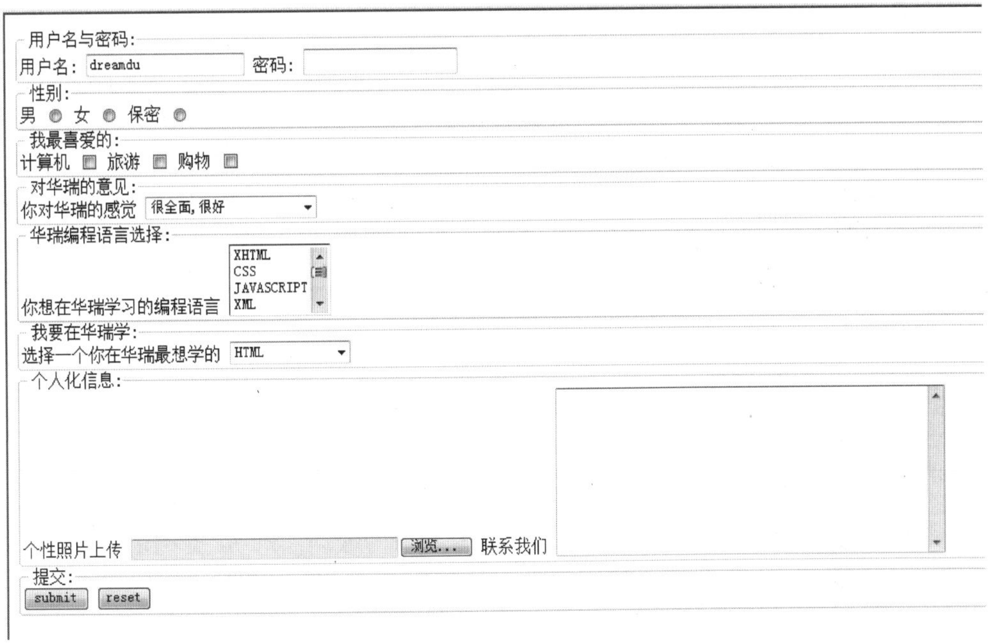

图 3-2-11 < fieldset ></fieldset >及< legend ></legend >标签的使用

3.3 表单的属性与表单的提交

本节讲述的是表单的属性和表单的提交。

3.3.1 表单的属性

浏览器提交表单数据时,究竟应该向服务器端的哪个程序发送表单数据,采用哪种方式发送数据,表单数据如何编码等,这些可以通过< form >标签的一些属性来设置。表单的属性见表 3-3-1。

表 3-3-1　表单的属性

属　　性	描　　述
action	用来指定一种处理提交表单的格式,它可以是一个 URL 地址(提交给程式)或一个电子邮件地址
method	表示提交表单的 HTTP 方法,其值有两种。一种为 post,用这种方法提交的表单,数据将以数据块的形式提交到服务器,表单数据不会出现在 URL 中,所以用这种方式提交的表单数据是安全的。如果表单数据中包含类似于密码等数据,建议使用 post 方法。另一种为 get,这是发送表单数据的默认方法,这种方法会以?name1=value1&name2=value2 的形式,将表单数据附加到 URL 的后面,提交到服务器处理,这种方法安全性当然不如 post 方法,因为表单数据会暴露在 URL 中,但是它的处理效率要比 post 方法高。如果表单中的数据没什么隐私数据,建议使用 get 方法,它的效率较高
name	表单的名称,通过为表单命名可以控制表单与后台程序之间的关系
target	设置目标文档打开窗口的方式,在这个窗口中显示返回的数据。target 的值分别有 4 种,分别为:_blank,将返回信息显示在新开的浏览器窗口中;_parent,将返回信息显示在父级浏览器窗口中;_self,将返回信息显示在当前浏览器窗口中;_top,将返回信息显示在顶级浏览器窗口中
enctype	设置表单资料的编码方式、表单信息提交的编码方式,有 3 种,分别为:TEXT/plain,以纯文本形式传送信息;Application/x-www-Form-urlencoded,默认的编码形式;Multipart/Form-data,使用 MINE 编码
id	标签在页面中的唯一标识符

例 3-3-1 演示了表单的部分属性。

例 3-3-1　表单的属性

```
1    < html >
2        < head >
3            < title >表单属性</title>
4        </head>
5        < body >
6            < form action = "login. html" method = "post">
7                会员名: < input type = "text" name = "name" /><br/>
8                密　码: < input type = "password" name = "pwd" /><br/>
9                < input type = "submit" name = "submit" value = "登录"/>
10               < input type = "reset" name = "reset" value = "重填"/>
11           </form>
12       </body>
13   </html>
```

其运行结果如图 3-3-1 所示。

会员名：[　　　　　]
密　码：[　　　　　]
[登录] [重填]

图 3-3-1　表单的属性

填写会员和密码后单击登录提交按钮,浏览器将把表单数据发送到服务器的 login.html 程序中去处理。代码运行结果如图 3-3-2 所示。

图 3-3-2 login 页面

说明:

目前我们并没有架设 Web 服务器,包含登录表单的也没有真正部署到 Web 服务器中,所以使用了 login.html 这个普通的静态页面来模拟需要在服务器中运行的表单数据处理程序。

3.3.2 表单的提交

在表单提交时,在浏览器地址中可以看到除表单处理程序的 URL 之外的一些数据,在百度中填写搜索关键字的场景,如图 3-3-3 所示。

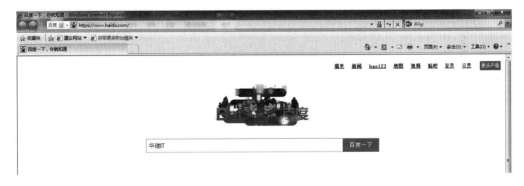

图 3-3-3 百度搜索表单

浏览者填写了搜索关键字后单击百度搜索,结果如图 3-3-4 所示。

注意:

浏览器地址栏中的数据为

https://www.baidu.com/#ie=utf-8&f=8&rsv_bp=0&rsv_idx=1&tn=baidu&wd=%E5%8D%8E%E7%91%9EIT&rsv_pq=dd6fca950001d61f&rsv_t=

图 3-3-4　百度搜索结果

d7bdpwN5klmT4phyzkgE4dOSvwskvmkcberpARrYmNNtqNAOzLDlCwXJulk&rsv ＿ enter ＝
0&rsv_sug3＝9&rsv_sug1＝8&rsv_sug7＝100&inputT＝160730&rsv_sug4＝160733

其中在 http://www.baidu.com/♯之后的数据是因为表单采用 get 方式提交而产生。
实际上,♯之后就是浏览者在表单中填写的数据,当浏览器发现表单的 method 属性值为
get 时,将会把表单中每个表单元素的数据组织成为多个名/值对,用连接符 & 将这些名/值
对连成一个字符串,附加在表单的 action 属性指定的表单处理程序的地址之后,名/值对中
的名称即为表单元素的 name 属性值,则名/值对中的值是指表表单元素的 value 属性值。

将例 3-3-1 中的表单改为 get 方式提交,如例 3-3-2 所示。

例 3-3-2　get 方式提交

```
1    <html>
2        <head>
3            <title>表单属性</title>
4        </head>
5        <body>
6            <form action = "login.html" method = "get">
7                会员名: <input type = "text" name = "name" /><br/>
8                密　码: <input type = "password" name = "pwd" /><br/>
9                <input type = "submit" name = "submit" value = "登录"/>
```

```
10                        < input type = "reset" name = "reset" value = "重填"/>
11               </form >
12         </body >
13   </html >
```

运行此页面,填写会员名为 admin,密码为 123456,单击登录按钮提交到 login. html,观察转到 login. html 页面浏览器地址栏中的数据,如下:

……/login. html? name＝admin＆pwd＝123456＆submit＝%B5%C7%C2%BC

在地址栏中的/login. html 问号之后有 3 个名/值对,即 name、pwd、submit 是表单中 3 个表单元素的 name 属性的值,其值分别等于 admin、123456、%B5%C7%C2%BC,这 3 个值分别是表单元素相对应的 value 值。

总结

- ➤ 表单用于在浏览器和 Web 服务器之间进行数据交互。
- ➤ 使用< form ></form >标签创建表单。
- ➤ 使用< input/>标签、< textarea ></textarea >标签、< select ></select >标签及< option ></option >标签、< button ></button >标签、< label ></label >标签、< fieldset ></fieldset >标签及< legend ></legend >标签在表单内部创建表单元素。
- ➤ < input/>标签可以创建多种类型的表单输入元素。
- ➤ < select ></select >标签及< option ></option >标签可以创建列表框及其内部的选项。
- ➤ < button ></button >标签可以创建多种类型的按钮。
- ➤ < label ></label >标签可以为其他表单元素创建标签文件并与表单元素进行绑定。
- ➤ < fieldset ></fieldset >标签及< legend ></legend >标签可以将表单内部的众多表单元素进行分组,并为每一组提供标题。
- ➤ 表单提交指浏览器将表单内部表单元素的数据发送到 Web 服务端。表单数据提交到哪个程序处理由表单的 action 属性设置,浏览器以哪种方式提交表单数据由表单的 method 属性设置。

课后习题

(1) 使用以下 HTML 代码实现的页面效果为下列图示中的(　　)。(选择一项)

```
1    < input name = "gen" type = "radio" value = "male" checked = "checked">男
2    < input name = "gen" type = "radio" value = "female">女
3    < input type = "checkbox" name = "gen1" value = "male" checked = "checked">男
4    < input type = "checkbox" name = "gen1" value = "female" >女
```

A. 图1 ◉男　○女　☑男　□女
B. 图2 ○男　◉女　☑男　□女
C. 图3 ○男　◉女　□男　☑女
D. 图4 ◉男　○女　□男　☑女

（2）某站点主页面 index.html 的代码如下所示,假设在 left.html 中包含如下链接代码,希望单击此链接后在 right.html 的位置显示链接的文档内容,则修改此链接为(　　)。（选择一项）

```
1   Index.html 的代码:
2     <html>
3       <frameset border = "5" rows "20%, *">
4         <frame src = "top.html" name = "topframe" scrolling = "no">
5         <frameset cols = "20%, *">
6           <frameset sre = "left.html" name = "leftname" scrolling = "no">
7             <frame src = "right.html" name = "rightframe">
8           </frameset>
9         </frameset>
10      </frameset>
11    </html>
12  Left.html 的链接代码:
13    <a href = "login.html">登录</a>
```

A. <a href = "login.html" target="right.html">登录</a>
B. <a href = "login.html" target="rightframe">登录</a>
C. <a href = "right.html" target="login.html">登录</a>
D. <a href = "rightframe" target="login.html">登录</a>

（3）在 HTML 上,将表单中 input 元素的 type 属性值设置为(　　)时,用于创建重置按钮。（选择一项）

　　A. reset　　　　　　B. set　　　　　　C. button　　　　　　D. image

（4）某站点主页面 index.html 的代码如下所示,则选项中关于这段代码的说法正确的是(　　)。（选择一项）

```
1   <html>
2     <frameset border = "5" cols = "*,100">
3       <frameset rows = "100, *">
4         <frame src = "top.html"name = "topFrame" scrolling = "No"/>
5         <frame src = "left.html"name = "leftFrame"/>
6       </frameset>
7       <frame src = "right.html"name = "rightFrame" scrolling = "No"/>
8     </frameset>
9   </html>
```

A. 该页面共分为 3 部分
B. top.html 显示在页面的上半部分,其宽度与窗口宽度一致
C. left.html 显示在页面的左下部分,其高度为 100 像素

D. right. html 显示在页面的右下部分,其高度小于窗口高度

(5) 在 HTML 中,表单中 input 元素的(　　　)属性用于指定表单元素的名称。(选择一项)

　　A. value　　　　　　B. name　　　　　　C. type　　　　　　D. size

(6) 在 HTML 中,下列 HTML 代码为(　　　),用于表示其中默认选中项为"蓝色"。(选择一项)

A. 请选择颜色:

```
< select name = "select">
  < value >红色</value >
  < value selected = "selected">蓝色</value >
  < value >绿色</value >
</select >
```

B. 请选择颜色:

```
< selected name = "select">
  < value >红色</value >
  < value selected = "select">蓝色</value >
  < value >绿色</value >
</selected >
```

C. 请选择颜色:

```
< select name = "select">
  < option >红色</ option >
  < option selected = "selected">蓝色</ option >
  < option >绿色</ option >
</select >
```

D. 请选择颜色:

```
< selected name = "select">
  < option >红色</ option >
  < option selected = "select">蓝色</ option >
  < option >绿色</ option >
</selected >
```

(7) 在 HTML 上,将表单中 input 元素的 type 属性设置为(　　　)时,用于创建重置按钮(选择一项)。

　　A. reset　　　　　　B. set　　　　　　C. button　　　　　　D. image

(8) 以下表单控件中,不是由 input 标记符创建的为(　　　)(选择一项)。

　　A. 单选按钮　　　B. 口令框　　　C. 选项菜单　　　D. 提交按钮

(9) 要给表单控件设置标签,以下代码中正确的是(　　　)(选择一项)。

　　A. < input type = "checkbox" name = "news">< label for = "news">新闻</label >

　　B. < input type = "checkbox" for = "news">< label id = "news">新闻</label >

　　C. < input type = "checkbox" for = "news">< label name = "news">新闻</label >

　　D. < input type = "checkbox" id = "news">< label for = "news">新闻</label >

(10) 若要产生一个 4 行 30 列的多行文本域,以下方法中,正确的是(   )。(选择一项)。

    A. < input type = "text" rows = "4" cols = "30" name = "txtintrol">

    B. < textarea rows = "4" cols = "30" name = "txtintro">

    C. < textarea rows = "4" cols = "30" name = "txtintro"></textarea >

    D. < textarea rows = "30" cols = "4" name = "txtintro"></textarea >

(11) 用于设置文本框显示宽度的属性是(   )。(选择一项)。

    A. size   B. maxlength   C. value   D. length

(12) 若要获得名为 login 的表单中,名为 txtuser 的文本输入框的值,以下获取的方法中,正确的是(   )。(选择一项)。

    A. username=login. txtser. value

    B. username=document. txtuser. value

    C. username=document. login. txtuser

    D. username=document. txtuser. value

(13) 请用 HTML 编写如下的表单。

*姓名	☐ *出生日期 [1980 ▼] 年 [12 ▼] 月 [3 ▼] 日
*身份证号码	☐ 长度15位或18位,必须和出生日期、性别相对应
*性别	[男 ▼] 民 族 [汉族 ▼]
婚姻状况	[未婚 ▼] 政治面貌 [共青团员 ▼]
户口所在地	[南京市秦淮区 ▼] 现居住地 [南京市秦淮区 ▼]
身高	☐ 单位:厘米
视力状况	☐ 请用文字描述您的视力情况
现工作单位名称	☐ ☐ 申请职位（发送简历）时发送现工作单位名称(不推荐选择)
*现从事工作职位名称	☐ 如:公司部门经理
现职称级别	[--请选择-- ▼]
现从事工作级别	[高级职位(非管理类) ▼] NEW!
*现从事职位类别	[IT-管理 ▼] [IT-管理 ▼] [0100,计算机软件] [0700] [ ]
从事现职位年限	[8年 ▼]

[保存以上修改]

第4章

框架集与框架

本章目标

➢ 理解使用框架集和框架实现浏览器窗口中多文档的显示
➢ 理解框架集与框架的关系
➢ 掌握框架的属性
➢ 掌握框架集的嵌套使用
➢ 掌握浮动框架
➢ 理解超链接和表单的目标框架或目标窗口
➢ 理解基准目标

本章单词

请在预习时学会下列单词的含义和发音,并填写在横线处。

1. from:
2. set:
3. scroll:
4. resize:
5. target:
6. base:
7. self:
8. blank:
9. parent:

4.1 框架与框架集的关系

在一个网页中,并不是所有的内容都需要改变,如网页的导航栏、网页页脚等部分是不需要改变的,如果在每一个网页中都重复添加这些元素,不仅会浪费时间,而且在浏览时也会带来不便,耗费更多的时间,为了解决这种问题,我们可以使用框架对网页进行布局。

使用框架可以把浏览器窗口划分为多个区域,每个区域可以显示不同的网页,每次浏览者在访问框架页面时,只下载框架页面中变化的区域,对于不变的区域,不用重新下载,从而给浏览者带来方便、节省下载页面所需的时间。

一个框架结构是由以下两部分组成的:

框架(frame):是浏览器窗口中的一个区域,它可以显示与浏览器窗口其余部分中所显示内容无关的网页文件。

框架集(frameset):是一个网页文件,它将一个窗口通过横向或纵向的方式分割成多个框架,每个框架中要显示的都是不同的网页文件。不同的网页文件可以通过超链接联系起来。

如图 4-1-1 所示就是一个比较经典的框架集页面。此页面一共有 3 个区域,每个区域分别显示一个 HTML 文档,由于框架集页面也是一个 HTML 文档,所以一共有 4 个 HTML 文件。为了浏览方便,当浏览者单击左侧导航栏中的服务列表(如"注册＆认证"、"买家帮助"等)超链接时,右侧窗口显示相应的详细帮助信息。

图 4-1-1　框架集页面

4.1.1　为何使用框架

一个网页可以有一个或多个框架。框架的一些用法如下:

➢ 在页面的一个固定部分显示 Logo 或静态信息。

➢ 左侧框架显示目录,右侧框架显示内容,用户只需单击左侧窗口的目录,在右侧窗口中就会显示相应内容,如网上在线学习教程、论坛、后台管理、产品介绍等。

➢ 框架能有机地把多个页面组合在一起,这多个页面之间可互相独立,却又可相互联系。

4.1.2　框架集的基本结构

框架集(frameset)页面的结构是通过属性 rows 和 cols 来设置的,根据框架的分割方式可分为：上下分割窗口（使用 rows 属性来分割）、左右分割窗口（使用 cols 属性来分割）、嵌套分割窗口（同时使用 rows 和 cols 属性来分割）。

语法：

```
< frameset cols = "25％,50％,＊" rows = "50％,＊" border = "5">
<! -- cols = "25％,50％,＊"分割为左中右 3 部分 rows = "50％,＊"分割为上下两部分 border 设置
边框属性 -->
< frame src = "the_first.html ">
…
</frameset>
```

说明：

frameset 仅是一个框架的集合。frame 标签可以提供对单独 HTML 文档 URL 引用，其中每个 HTML 文档占据一个框架。cols 将页面沿垂直方向分割为几个窗口，cols 可以取多个值，不同的值用逗号隔开，单位可以是像素，也可以是占浏览器的百分比。rows 将页面沿水平方向分割为几个窗口，也可以取多个值，是由逗号分隔的像素值或百分比。src 指定框架窗口的源文件。

例 4-1-1 是将窗口水平方向分割为上中下 3 个窗口。

例 4-1-1 上下分割窗口

```
1   < html >
2     < head >
3       < title >rows 框架</title>
4     </head >
5   < frameset bordercolor = "red" rows = "25％,50％,＊" border = "5" >
6       <! -- bordercolor = "red"设置框架边框为红色 -->
7       < frame name = "top" src = "the_first.html">
8       < frame name = "middle" src = "the_second.html">
9       < frame name = "bottom" src = "the_third.html">
10  </frameset >
11  </html >
```

例 4-1-1 在浏览器中的预览效果如图 4-1-2 所示。

例 4-1-2 中是将窗口垂直方向分割为左右两个窗口。

例 4-1-2 左右分割窗口

```
1   < html >
2     < head >
3       < title >cols 框架</title >
4     </head >
5   < frameset cols = "120,＊" border = "5">
6       < frame src = "the_first.html" name = "topFrame">
7       < frame src = "the_second.html" name = "mainFrame" >
8   </frameset >
9   </html >
```

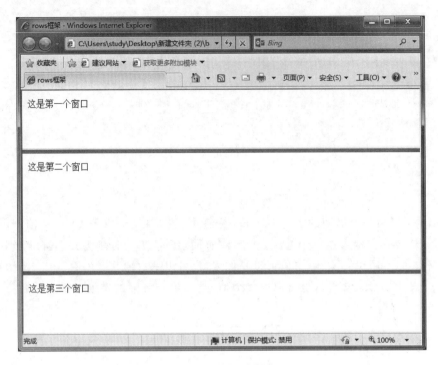

图 4-1-2　上中下分割窗口

例 4-1-2 在浏览器中预览效果为两个窗口左右分割，而左边的窗口固定宽度 120px。在浏览器中的预览效果如图 4-1-3 所示。

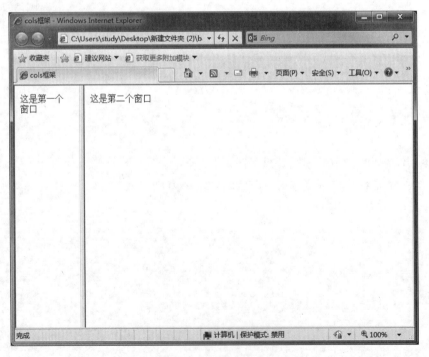

图 4-1-3　左右分割窗口

4.1.3　框架集的属性

框架集的属性见表 4-1-1。

表 4-1-1　框架集属性

属　　性	描　　述
cols	垂直切割窗口(如左右分割两个窗口)接受整数值,百分数,＊(＊代表占用余下空间)数值的个数代表分成的部分数目,要以逗号分隔。例如:cols＝"30,＊,50％"可以切成 3 个视窗,第一部分是 30 像素(pixels),为绝对分割;第二部分是当分配完第一视图和第三视图后剩下的空间;第三部分则占整个窗口的 50％宽度,为相对分割
rows	横向切割,将窗口上下分开,数值设置同上
border	设置框架边框厚度,即 frame 之间的距离

示例见例 4-1-2。

4.1.4　框架的属性

框架的属性见表 4-1-2。

表 4-1-2　框架属性

属　　性	描　　述
name	框架名称,指定框架来做连接的目标窗口
src	框架中要显示的网页文档 URL 地址,每一个框架要对应一个 HTML 文档
scrolling	是否显示滚动条,其值有 yes/no,auto(自动)
noresize	设置不让使用者改变这个框架的大小
marginHeight	设定在显示 frame 中的文字之前文字距离顶部及底部的空白距离
marginWidth	设定在显示 frame 中的文字之前文字距离左右两边的空白距离
frameborder	决定是否在 frame 中显示边界。可以使用的值有 4 个,分别是 1、0、no、yes。frameborder 值为 1 或 yes,则会显示框线;frameborder 值为 0 或 no,则不会显示框线;frameborder 的默认值为 1

示例见例 4-1-3。

例 4-1-3　框架属性

```
1    <html>
2     <head>
3        <title>框架属性</title>
4     </head>
5    <frameset rows = "25％,25％,＊" border = "5">
6        <frame name = "third" src = "the_third.html" scrolling = "no" marginHeight = 80
7    marginWidth = 20>
8        <frame src = "the_first.html" name = "topFrame" noresize = "noresize" marginHeight = 80
9    marginWidth = 20>
10       <frame src = "the_second.html" name = "mainFrame" scrolling = "yes">
11    </frameset>
12   </html>
```

其运行效果见图 4-1-4。

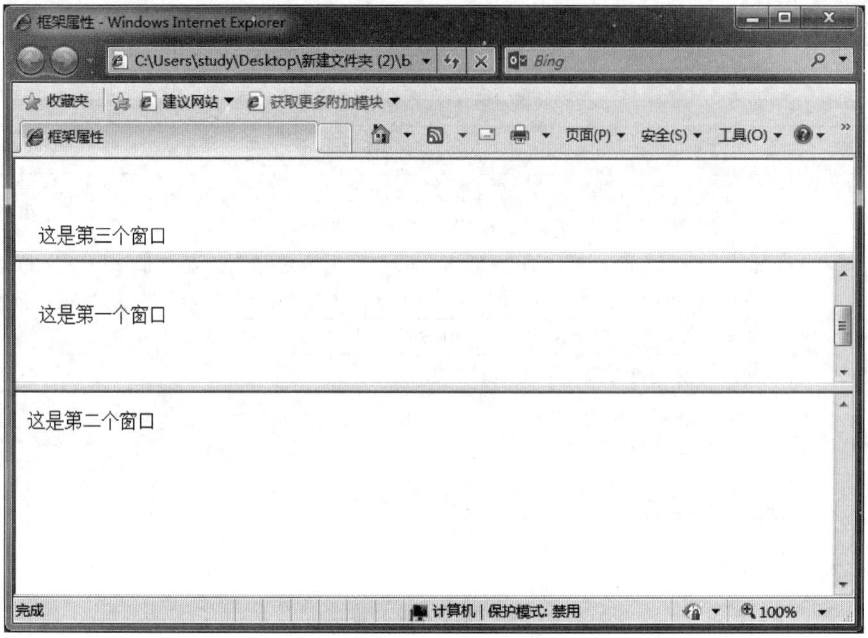

图 4-1-4　框架属性

4.2　框架集的嵌套

在另一个框架集之内的框架集称作嵌套的框架集。一个框架集文件可以包含多个嵌套的框架集。大多数使用框架的 Web 页实际上都使用嵌套的框架,并且在 HTML 中大多数预定义的框架集也使用嵌套。如果在一组框架里,不同行或不同列中有不同数目的框架,则要求使用嵌套的框架集。

例如,最常见的框架布局在顶行有一个框架(框架中显示公司的徽标),并且在底行有两个框架(一个导航框架和一个内容框架)。此布局要求嵌套的框架集为一个两行的框架集,在第二行中嵌套了一个两列的框架集。

有两种方法可在 HTML 中嵌套框架集:内部框架集可以与外部框架集在同一文件中定义,也可以在不同文件中单独定义。Dreamweaver 中每个预定义的框架集均在同一文件中定义其所有框架集。

示例见例 4-2-1。

例 4-2-1　框架嵌套

```
1  <html>
2   <head>
3    <title>框架嵌套</title>
```

```
4        </head>
5        <frameset rows = "20%, *, 15%">
6          <frame src = "the_first.html" />
7          <frameset cols = "20%, *">
8            <frame src = "the_second.html" />
9            <frame src = "the_third.html" />
10         </frameset>
11         <frame src = "the_four.html" />
12       </frameset>
13     </html>
```

其运行效果见图 4-2-1。

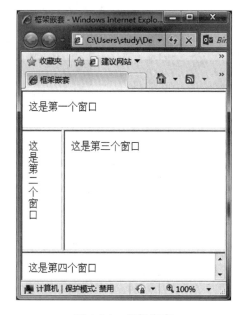

图 4-2-1 框架嵌套

4.3 窗口间的关联

网页中常有单击左侧窗口中的导航栏链接,在右侧窗口将显示对应的内容,这是怎么实现的呢,这就用到了本小节将要讲的窗口间的关联。

窗口间的关联是通过超链接的 target 属性来实现的,具体的实现思路如下。

在框架页面中,为右侧框架窗口添加 name 名称标识,在左侧窗口对应的页面中,设置超链接 target 属性为希望显示的框架窗口名,其实现代码见例 4-3-1。

例 4-3-1 窗口间的关联

```
1    <html>
2      <head>
3        <title>窗口间的关联</title>
```

```
4        </head>
5        <frameset rows="20%,*,15%">
6          <frame src="the_first.html" />
7          <frameset cols="20%,*">
8            <frame src="the_second.html" name="the_four" />
9            <frame src="the_third.html" />
10         </frameset>
11       </frameset>
12     </html>
```

其运行效果见图 4-3-1、图 4-3-2。

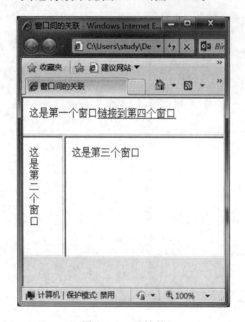

图 4-3-1　跳转前

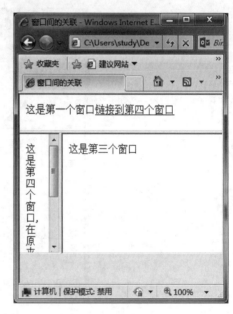

图 4-3-2　跳转后

4.4　<iframe>内嵌框架

前面学习了框架集<frameset>,它适用于整个页面都用框架实现的场合。本节将学习<iframe>内嵌框架,它适用于将部分框架内嵌入页面的场合,一般用于引用其他网站的页面。例如,在自己制作的网页中引用新闻网页等。

4.4.1　<iframe>的用法

<iframe>用法和<frame>比较类似,其语法如下:

<iframe src="引用页面地址"></iframe>

其示例见例 4-4-1。

例 4-4-1　iframe 内嵌框架

```
1    < html >
2      < head >
3        < title > iframe </title >
4      </ head >
5    < iframe src = "http://www.baidu.com" width = "50 % " height = "70 % ">
6    </ frameset >
7    </ html >
```

其运行效果见图 4-4-1。

图 4-4-1　iframe 内嵌框架

4.4.2　< iframe >的属性

类似前面学习的< frameset >框架，< iframe >内嵌框架的常用属性包括 name、scrolling、noresize、frameborder，这些属性的含义与框架是一样的，详见表 4-1-2。

总结

> 常用的框架技术包括< frameset >框架集和< iframe >内嵌框架。
> < frameset >框架集结构清晰，适用于整个页面都用框架实现的场合；< iframe >内嵌框架比较方便灵活，一般用于在页面中引用站外的页面内容时。
> < frameset >框架集使用< frameset >和< frame >标签实现，< frameset >的 rows 和 cols 属性实现窗口的横向和纵向分割。
> 配合使用< a >标签的 target 属性以及< frame >标签的 name 属性，可以实现窗口间的关联。
> 和< frameset >框架相比，< iframe >内嵌框架比较灵活，只需要一句话即可引用站外或站内的某个页面。

课后习题

（1）要创建一个如图所示的框架，应使用（　　　）中代码。

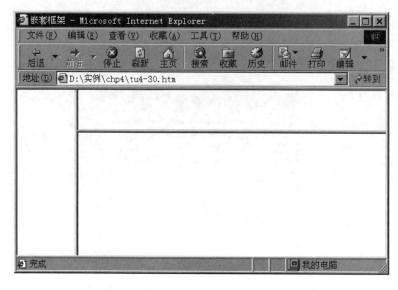

A.　< frameset cols = "100, * ">
　　　　< frame >
　　　　< frameset cols = "120, * ">
　　　　　< frame >
　　　　　< frame >
　　　　</frameset >
　　</frameset >

B.　< frameset rows = "100, * ">
　　　　< frame >
　　　　< frameset cols = "120, * ">
　　　　　< frame >
　　　　　< frame >
　　　　</frameset >
　　</frameset >

C.　< frameset cols = "100, * ">
　　　　< frame >
　　　　< frameset rows = "120, * ">
　　　　　< frame >
　　　　　< frame >
　　　　</frameset >
　　</frameset >

D.　< frameset rows = "100,120, * ">
　　　　< frame >
　　　　< frame >
　　　　< frame >
　　</frameset >

(2) 以下关于框架显示效果的说法中,错误的是( )。

    A. 只有所有相邻框架的边框都设置为 0,才能隐藏边框

    B. 可以在 frame 标记符中使用 marginWidth 和 marginHeight 属性控制框架内容
与框架边框之间的距离

    C. 框架的边框默认可以移动

    D. 框架默认时有滚动条

(3) 有关框架与表格的说法正确的有( )。

    A. 框架对整个窗口进行划分

    B. 每个框架都有自己独立的网页文件

    C. 表格比框架更有用

    D. 表格对页面区域进行划分

(4) 分析下面的 HTML 代码段,下面描述正确的是( )。(选择一项)

```
1    < frameset cols = "30 % , * ">
2      < frameset rows = "50 % ,50 % ">
3        < frame name = "fx"src = "x. html">
4        < frame name = "fy"src = "y. html">
5      </frameset >
6      < frame name = "fz"src = "z. html">
7    </frameset >
```

    A. 在页面中创建了 3 个框架,左边一列包含两个框架(各占 50%),右边一列占窗
口的 70%

    B. 在页面中创建了 3 个框架,左边一列占窗口的 30%,右边一列包含两个框架(各
占 50%)

    C. 在页面中创建了 3 个框架,上边一行占窗口的 30%,下边一行包含两个框架(各
占 50%)

    D. 在页面中创建了 3 个框架,上边一行包含两个框架(各占 50%),下边一行占窗
口的 70%

(5) 某站点主页面 index. html 的代码如下所示,则选项中关于这段代码的说法正确的
是( )。(选择一项)

```
1    < html >
2      < frameset border = "5"cols = " * ,100">
3        < frameset rows = "100, * ">
4          < frame
5    src = "top. html"name = "topFrame"scrolling = "No"/>
6          < frame src = "left. html"name = "leftFrame"/>
7        </frameset >
8        < frame src = "right. html"name = "right
9    Frame"scrolling = "No"/>
10       </frameset >
11     </html >
```

该页面共分为 3 部分。

    A. top. html 显示在页面的上半部分,其宽度和窗体宽度一致

    B. left. html 显示在页面的左下部分,其高度为 100 像素

    C. right. html 显示在页面的右下部分,其高度小于窗口高度

(6) 在 HTML 中,框架将 Web 浏览器窗体分割为多个独立的区域,设计者可以使用
(　　)标签来创建框架集。(选择一项)

    A. < head >   B. < div >

    C. < body >   D. < frameset >

(7) 请用 HTML 编写如下的页面。

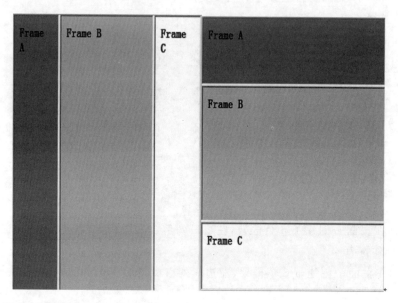

(8) 编写如下图所示效果对应的 HTML 代码。

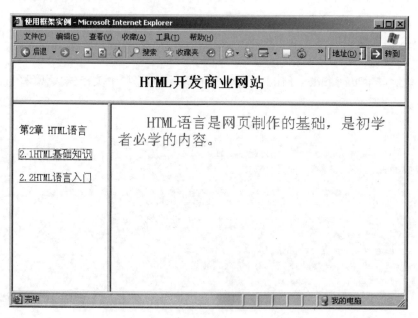

（9）请用 HTML 编写如下的页面。

走进我们	当前位置:网站首页 >> 走进我们 >> 发展历程
项目背景	**发展历程**
项目主旨	
项目核心	——2008年8月,商业可行性调研启动:南大苏富特组建了一支国际化的专业团队,由廖言迅
实训项目	(港)NTC GM、Manmeet Sigh (印度)资深外籍顾问、戴超(南大苏富特服务外包业务领航者)
发展历程	针对培训项目进行可行性调研与商业策划;
学员心声	——2008年8-9月,起跑点:南大苏富特总部;
	——2008年9月24日,与IBM(中国)有限公司大中华区高级经理屈中华先生在南京会晤;

第5章

CSS层叠样式表

- 了解 CSS 样式表的基本作用
- 掌握 CSS 样式规则的语法
- 理解各种选择器
- 理解样式规则声明编写在何处以及怎么使用

本章单词

请在预习时学会下列单词的含义和发音,并填写在横线处。

1. style:
2. declaration:
3. background:
4. decoration:
5. height:
6. width:
7. font:
8. weight:
9. collapse:
10. italic:
11. link:
12. visited:
13. hover:

5.1　CSS 样式表

5.1.1　CSS 是什么

也许你曾听说过 CSS,但并不真正清楚 CSS 到底是什么。在本章,将学到更多 CSS 的知识,并了解 CSS 可以做些什么。

CSS 是 Cascading Style Sheets 的缩写,一般翻译为层叠样式表。

5.1.2　CSS 的作用

在 Tim Berners-Lee 发明万维网(World Wide Web)的那个年代,HTML 语言是唯一用于给文本添加结构的语言。作者可以通过声明"这是一个标题"(利用 h1 标签)或"这是一个段落"(利用 p 标签)的方式来标记文本。

随着 Web 逐渐流行起来,网页设计者们开始寻求为网页增添布局的可能性。为此,当时的浏览器厂商们(网景公司和微软公司)发明了一些新的 HTML 标签(如< font >等),引入了新的布局——而非新的结构。

这也导致了原本用于进行文本的结构化的标签(如< table >等)越来越多地被误用于进行页面的布局。许多新的布局标签(如< blink >)只有一种浏览器支持。"您需要使用某某浏览器来浏览本页面"成为当时常见于许多网站的声明。

CSS 的发明正是为了改善这一状况,它为 Web 设计师们提供了完善的、所有浏览器都支持的布局能力。

W3C 的构想是 HTML 标签只表示内容结构,即只表示"这是一个段落""这是一个标题"等含义,而不具备任何样式,而这些"段落""标题"等内容的字体字形、大小、显示位置等样式,完全由 CSS 指定,从而实现样式和结构的分离,所以 W3C 制定了相应的 HTML 和 CSS 两套标准。

HTML 可以用于为网站添加布局效果,但有可能被误用。而 CSS 则提供了更多选择,而且更为精确、完善,现在使用 CSS 样式具有如下的突出优势。

➢ 实现内容和样式的分离,利于团队开发。

样式美化可以由美工人员专门负责,而内容部分由软件开发人员负责。内容样式实现了分离之后,减少了 Web 页面的代码量,使得 Web 页面内容结构更加突出,更利于搜索引擎的搜索。

➢ 实现样式复用,提高开发效率。

同一网站的多个页面可以共用同一个样式表,提高了网站的开发效率,同时也方便了网站的维护和更新。例如要更改网站的外观、字体大小颜色等,只需要修改样式表文件即可。

➢ 实现页面的精确控制。

CSS 具有强大的样式控制和排版能力。CSS 包含文本、列表、超链接、边距等丰富的各类样式,可以实现各种复杂、精美的页面效果。

图 5-1-1 为应用 CSS 样式前后的对比效果。

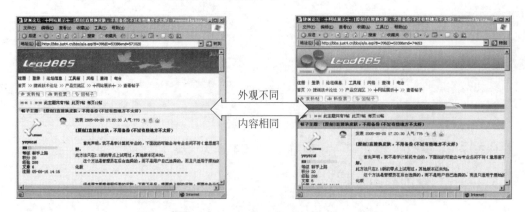

外观不同

内容相同

图 5-1-1　应用 CSS 样式的前后对比

CSS 样式的两大用途是页面内容修饰和页面布局。下面先介绍 CSS 的基本布局,再介绍页面内容修饰,页面布局放到下一章再来讲解。

5.2　CSS 样式规则声明

样式表由样式规则组成,这些规则告诉浏览器如何显示文档。一个样式(Style)的基本语法由三部分构成:选择器、属性和属性值,我们先来了解其基本结构及其相关概念。

层叠样式一般用< style >标签来声明样式规则,即告诉浏览器页面中各类内容或页面元素应如何显示,其基本结构如下。

```
1    < style type = "text/css">
2    选择器 selector{
3        对象的属性 property1:属性 value1;
4        对象的属性 property2:属性 value2;
5    }
6    </style>
```

选择器 selector 是某个 HTML 标签的名称或自定义的名称。属性 property 是你期望控制的样式的某个方面,如字体、颜色、边框、背景等。属性需要有一个或多个 value 值。

属性名和值可以由多对同时出现,多对之间用;(分号)隔开,属性名和值之间用:(冒号)连接。它们集中放置在一对{}(大括号)中,而选择器则说明这个样式在网页中的适用范围。

这 3 个部分组合起来就构成了一条样式规则声明 declaration。

样式规则一般放在网页头部< head ></head >内部的< style ></style >标签中。

例 5-2-1　注的样式设置

```
1    < style type = "text/css">
2    li{
3      color:red;
```

```
4        font - size:30px;
5        font - family:黑体;
6    }
7  </style>
```

例如上面这一段样式,就是设置页面里所有的<li>标签文字颜色为红色,字体大小为30px,字体类型为黑体。

例 5-2-2

```
1  <html>
2      <head>
3          <title>样式规则声明</title>
4      <style type = "text/css">
5          body{
6              background - image:url(imgs/a1.png);
7              background - repeat:no - repeat;
8          }
9          p{
10             font - size:30px;
11             color:red;
12             text - align:left;
13         }
14     </style>
15     </head>
16     <body>
17     <p>床前明月光,疑是地上霜。举头望明月,低头思故乡。日照香炉生紫烟,遥看瀑布挂前川。
18     飞流直下三千尺,疑是银河落九天。君不见黄河之水天上来,奔流到海不复回。</p>
19     </body>
20 </html>
```

代码运行结果如图 5-2-1 所示。

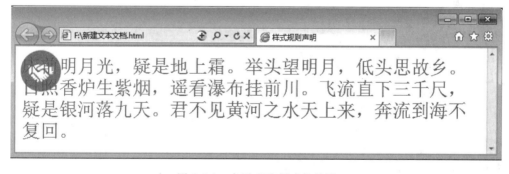

图 5-2-1　应用 CSS 样式的效果

说明:

上述代码中,在网页头部<head></head>标签中添加了<style></style>标签,定义了此页面的样式表。样式表中包含了两条样式规则声明。第一条:告知浏览器在显示<body></body>标签时,为它显示背景图像并且不可重复;第二条:告知浏览器在显示段落时,设定了字体的颜色为红色,字体大小为 30px,并且字体是居左。

代码编写规范需求。

➢ 虽然 CSS 代码不区分大小写,但推荐全用小写。

➢ 每条样式规则用分号(;)隔开,一般写为多行,简单的规则也可合并为一行。

➢ 当 CSS 代码较多时,可以使用"/ * …… * /"添加必要的注释。

5.3 选择器的分类

一条样式规则声明中包含选择器,它的作用是说明这条样式规则在网页中的适用范围,或者说网页中的哪个地方或者哪些地方需要用到它。在代码示例 5-2-2 中,body 和 p 就是这两条规则声明中的选择器。第一条规则对网页正文即< body ></body >有效,第二条规则则对网页中所有的段落即< p ></p >有效。这种选择器的名称是一个合法的 HTML 标签的名称,就是我们将要详细学到的标签选择器,除了标签选择器,还将要学习其他几种选择器。

5.3.1 标签选择器

当需要对页面内某标签的内容进行修饰时,使用标签选择器,这些标签可以是我们以前学过的 HTML 标签,其用法如下:

```
标签名{
    属性名 1: 值 1;
    属性名 2: 值 2;
}
```

例 5-3-1 标签选择器示例

```
1    < html >
2     < head >
3        <title>标签选择器</title>
4        < style type = "text/css">
5           h1{text - align:center;}
6           input{border:1px solid gray;background - color: # fedcba;color:blue;}
7           a{text - decoration:none;}
8        </style>
9     </head >
10    < body >
11     < h1 >登录</h1 >
12     < form >
13        账号: < input type = "text" /><br/>
14        密码: < input type = "password" /><br/>
15        < input type = "submit" value = "登录" />
16        < input type = "reset" />
17     </form >
```

```
18      <a href = " ♯ ">注册</a>
19    </body>
20  </html>
```

代码运行结果如图 5-3-1 所示。

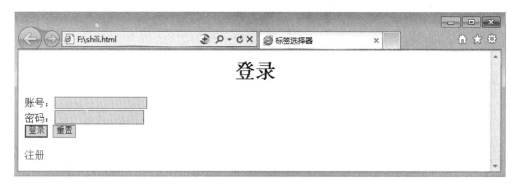

图 5-3-1　标签选择器示例

说明：

上述例子中，用到了 3 个标签选择器，分别为 h1 标签、input 标签和 a 标签。在 body 部分，所有的 h1 标签中内容会居中显示，表单中的 input 标签中，设置了灰色 1 像素大小的边框和背景色，输入的字体为蓝色，a 标签中去掉了下画线。

还可以使用 * 通配符代表所有的 HTML 标签。

```
1    *{
2        font－size:15px;
3    }
```

用 * 作为选择器名称的样式规则将作用于所有的标签。

需要注意，本例为了讲解方便，将样式修饰的 CSS 代码单独放到< head >标签之内来实现内容和样式分离，但 W3C 推荐采用更彻底的样式分离方式，即将样式文件单独放在另一个样式文件中，后续章节将会进行深入的讲解。

5.3.2　类选择器

学习了标签选择器之后，会发现它修饰的范围比较广，假如我们有一系列的< li >元素，现在希望其中的一些元素和其他的元素样式不同，该如何实现呢？这就是我们现在所要学习的一个新的选择器，称为类选择器。类选择器类似于我们 Java 中学习的 class(类)，使用步骤分为以下两步：

(1) 定义样式。

```
.类名{
    属性名 1:值 1;
    属性名 2:值 2;
}
```

（2）应用样式。

使用标签的 class 属性引用类属性，即<标签名 class="类名">标签内容</标签名>。

注意：

定义 class 样式时，类名前面有一个点号（.），应用样式时不需要点号。类名可以自己定义，但必须符合样式标识符规范，不能以数字开头。

现在来解决刚才所说的问题。

例 5-3-2　类选择器示例

```
1    <html>
2    <head>
3     <title>类选择器</title>
4     <style type="text/css">
5       li{
6            color:blue;
7            font-family:隶书;
8            font-size:30px
9       }
10      .red{
11           color:red;
12      }
13    </style>
14   </head>
15   <body>
16      <div>
17         <ul>
18            <li class="red">理查德?尼克松</li>
19            <li>杰拉尔德?福特</li>
20            <li class="red">罗纳德?里根</li>
21            <li>乔治?布什</li>
22         </ul>
23      </div>
24   </body>
25   </html>
```

代码运行结果如图 5-3-2 所示。

图 5-3-2　类选择器示例

说明：

上述例子中，总共有 4 个<li>标签，它们都使用了标签选择器、字体类型和大小，唯一不同的是字体颜色。由于第一个和第三个标签使用了类选择器，它们的字体颜色是红色，与另外两个标签进行区分。

定义类选择器的好处是任何标签都可以应用该类样式，从而实现样式的共享和代码的复用。需要注意，样式是叠加和继承的。<li>标签选择器先规定了页面内所有的列表选项的字体颜色、大小和类型，然后第一个和第三个标签还应用了 red 类样式，产生了样式的叠加，CSS 规定后定义的样式覆盖前面定义的样式，所以颜色以最后定义的为主，即应用了类选择器里面的样式，字体变为红色。

5.3.3　ID 选择器

ID 属性类似于我们的身份证，ID 属性作为 HTML 元素的唯一标识，W3C 已将 ID 属性定为 HTML 的标准属性。HTML 属性 ID 的特别之处在于，在同一 HTML 文档中不能有两个具有相同 ID 值的元素。文档中的每个 ID 值都必须是唯一的。对应的 ID 选择器一般用于修饰对应 ID 标识 HTML 元素内容，实际应用中常和<div>标签配合使用，表示修饰对应 ID 标识的某个 div 区块，其使用步骤如下：

（1）使用 ID 属性标识被修饰的页面元素。例如对应的 div 块，<div id="ID 标识名">。

（2）定义相应的 ID 选择器样式，基本语法如下：

```
#ID 标识名{
    属性名 1:值 1;
    属性名 2:值 2;
}
```

注意：

定义 ID 选择器时，是以一个井号（#）开头，给 HTML 标签设置 ID 属性时则不需要。ID 名可以自定义，但是必须符合命名标识符的规范，不能以数字开头。

可以看出，我们是给某个特定的标签定义一个全页面唯一的 ID 标识名，然后用 ID 选择器给这个特定的标签来定义样式，所以 ID 选择器是修饰某个指定的页面元素或区块，与类选择器刚好相反，类选择器是定义一种样式，然后让多个 HTML 元素所共享。

例如，修改实例 5-3-2，如图 5-3-3 所示，将整个列表项看成一个带有 ID 标识的 div 块，现在希望只对该 div 块进行字体、宽度、背景色的修饰，则实现思路如下：

（1）将所有的列表项内容放到一个 div 区块内，并设置它唯一的 ID 标识名。

（2）根据上述 ID 标识，定义对应的 ID 选择器。

图 5-3-3　ID 选择器示例

对应的代码如下。

例 5-3-3　选择器示例

```
1    <html>
2    <head>
3     <title>ID 选择器</title>
4     <style type = "text/css">
5        ♯menu{
6             font－size:20px;
7             font－family:宋体;
8             width:200px;
9             background:♯ccc;
10       }
11    </style>
12   </head>
13   <body>
14      <div id = "menu">
15         <ul>
16              <li>理查德·尼克松</li>
17              <li>杰拉尔德·福特</li>
18              <li>罗纳德·里根</li>
19              <li>乔治·布什</li>
20         </ul>
21      </div>
22   </body>
23   </html>
```

说明：

我们用了一个<div>标签把所有的<li>标签给包裹了起来,然后给这个<div>标签设置了一个唯一的 ID 属性 menu,之后定义 ID 选择器,声明样式,包括了字体大小、类型,这个<div>的宽度和背景色。

5.3.4　伪类选择器

前面学到的属性也可以应用到链接上(如修改颜色、字体、添加下画线等)。但不同的是,CSS 允许根据链接是未访问的、已访问的、活动的、是否有鼠标悬停等分别定义不同的属性。这样,便可为网站增添奇特而有用的效果。需要通过伪类(pseudo-class)来控制这些效果。

伪类(pseudo-class)令用户可以在为 HTML 元素定义 CSS 属性时将条件和事件考虑在内。我们来看一个例子。正如我们所知道的,在 HTML 里,链接是通过 a 元素来定义的。因此,在 CSS 里,可以将 a 作为一个选择器(selector)。

```
1    a {
2    color: blue;
3    }
```

一个链接可以有不同的状态。例如,它可以是已访问过的,也可以是未访问过的。可以通过伪类分别为访问过的链接和未访问过的链接设置不同的样式。

为未访问过的链接和已访问过的链接分别使用伪类a:link 和a:visited。活动的链接对应的伪类为a:active,有鼠标悬停的链接对应的伪类为a:hover。

下面逐个解释这4个伪类,并给出示例。

1.伪类:link 用于浏览者从未访问过的链接

在下面的示例代码中,我们将未访问过的链接设为蓝色,效果如图5-3-4所示。

```
1    a:link {
2    color: blue;
3    }
```

图5-3-4   未访问过的链接为蓝色

2.伪类:visited 用于浏览者已访问过的链接

例如,下面的代码将已访问过的链接设为红色,效果如图5-3-5所示。

```
1    a:visited {
2    color: red;
3    }
```

图5-3-5   访问过后的链接为红色

3.伪类:active 用于活动的链接(即获得当前焦点的链接)

下例将活动的链接设为具有黄色背景,效果如图5-3-6所示。

```
1    a:active {
2    background-color: #FFFF00;
3    }
```

图5-3-6   当前链接为焦点时颜色为黄色

4. 伪类：hover 用于有鼠标悬停的链接

这能制造出有趣的效果。例如，如果要当鼠标光标移到链接上时将链接显示为橙色斜体，那么 CSS 可以这样写：

```
1    a:hover {
2         color: orange;
3         font - style: italic;
4    }
```

效果如图 5-3-7 所示。

图 5-3-7　鼠标停留在链接上显示为橙色斜体

为链接设置悬停效果十分流行。所以，我们再看一个:hover 伪类的例子。

```
1    a:hover {
2         letter - spacing: 10px;          /*字体间距 10px*/
3         font - weight:bold;              /*字体加粗*/
4         color:orange;                    /*字体颜色橙色*/
5         background - color:yellow;        /*背景颜色黄色*/
6    }
```

效果如图 5-3-8 所示。

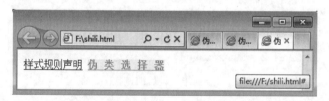

图 5-3-8　鼠标停留在链接上效果图

注意：

在 CSS 定义中：

(1) a:hover 必须位于 a:link 和 a:visited 之后，这样才能生效。

(2) a:active 必须位于 a:hover 之后，这样才能生效。

于是得四者顺序：

a:link-----> a:visited-----> a:hover--------> a:active。

CSS 伪类除了之前介绍的 4 种伪类之外，还有其他的伪类，但是因为浏览器支持不够完善，应用较少，这里就不做介绍了。

5.3.5　伪元素选择器

伪元素选择器用于其他选择器指定适用范围内的元素特定部分指定样式。一般应用于文本块的首行或文本块的首字字符。

例5-3-4　未访问过的链接为蓝色示例

```
1   <html>
2   <head>
3    <title>伪元素选择器</title>
4    <style type="text/css">
5        p{ font-size:15px; }
6        p:first-line{font-size:25px; color:red}
7        h1{font-size:18pt;color:blue}
8        h1:first-letter{font-size:25pt;color:yellow;}
9    </style>
10  </head>
11  <body>
12   <p>这是一个段落,第一行的字体比其他行要大,并且颜色也不一样。这是一个段落,第一行
13   的字体比其他行要大,并且颜色也不一样。这是一个段落,第一行的字体比其他行要大,并且颜
14   色也不一样。这是一个段落,第一行的字体比其他行要大,并且颜色也不一样。</p>
15   <h1>这是一级标题,第一个字符有没有不同?</h1>
16  </body>
17  </html>
```

代码运行结果如图5-3-9所示。

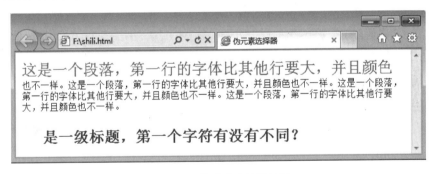

图5-3-9　伪元素选择器效果

注意:

样式表中有两条伪元素选择器的样式规则声明,p:first-line 设置了页面中所有段落的第一行的样式,而 h1:first-letter 则设置了页面中所有<h1>标签中首个字符的样式。

5.3.6　上下文选择器

上下文选择器就是通过依据元素在其位置的上下文关系来定义样式,以达到使标记更加简洁的目的。在 CSS1 中,通过这种方式来应用规则的选择器称为上下文选择器(contextual selectors),这是由于它们依赖于上下文关系来应用或避免某项规则。在 CSS2 中,它们称为派生选择器,但是无论如何称呼它们,它们的作用都是相同的。

例如,希望列表中的 strong 元素变为斜体字,而不是通常的粗体字,可以这样定义一个派生选择器:

```
1   li strong {
2       font - style: italic;
3       font - weight: normal;
4   }
```

请注意标记为<strong>的蓝色代码的上下文关系:

```
1   < p >
2     < strong >我不是斜体字,因为我不在列表当中,这个规则对我不起作用</strong>
3   </p>
4
5   < ol >
6     <li><strong>我是斜体字。这是因为 strong 元素位于 li 元素内。</strong></li>
7     <li>我是正常的字体。</li>
8   </ol>
9
```

在上面的例子中,只有 li 元素中的 strong 元素的样式为斜体字,无须为 strong 元素定义特别的 class 或 id,代码更加简洁。

```
1    < html >
2     < head >
3      < title >后代选择器</title>
4      < style type = "text/css">
5        h1 em {color:red;}
6      </style>
7     </head>
8     < body >
9        < h1 >今天< em >天气</em>不错哦</h1>
10    </body>
11   </html>
```

代码运行结果如图 5-3-10 所示。

图 5-3-10　后代选择器效果

注意:

h1 和 em 之间有一个空格。那么这一条 CSS 代码就会运用于包含在< h1 ></h1 >标签内的所有<em>元素。

关于后代选择器，很重要的一点是第一个参数和第二个参数之间的代数是可以无限的。

5.3.7 群组选择器

有时候，多个样式规则的定义相同，但选择器名称不同。可以将这些样式规则合并成为一个样式规则，选择器名称之间使用逗号来分隔。

```
1  h2, p {color:red;}
```

将 h2 和 p 选择器放在规则左边，然后用逗号分隔，就定义了一个规则。其右边的样式（color：red；）将应用到这两个选择器所引用的元素。逗号告诉浏览器，规则中包含两个不同的选择器。可以将任意多个选择器分组在一起，对此没有任何限制。

通过分组，创作者可以将某些类型的样式"压缩"在一起，这样就可以得到更简洁的样式表。

例如，如果想把很多元素显示为蓝色，可以使用类似如下的规则：

```
1  h1, table,p, h6 {color:blue;}
```

例 5-3-5 访问过后的链接为红色示例

```
1   <html>
2   <head>
3    <title>群组选择器</title>
4   <style type = "text/css">
5       h1,h2,h3{color:red;text - align:center;}
6   </style>
7   </head>
8   <body>
9      <h1>一级标题</h1>
10     <h2>二级标题</h2>
11     <h3>三级标题</h3>
12   </body>
13  </html>
```

代码运行结果如图 5-3-11 所示。

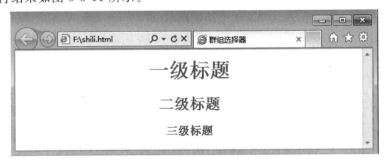

图 5-3-11 群组选择器效果

5.4 如何应用样式

之前所用到的范例中,我们都是在同文件的< head >标签中加入 CSS 代码,在这里声明的样式规则称为内部样式表,或者叫内嵌样式表,它们将对整个页面全局有效,但这并不是唯一的方法。在 CSS 中,应用样式有 3 种方式:内部样式表、外部样式表以及行内样式。下面依次学习各种应用样式的优缺点以及应用场景。

5.4.1 三种样式表写法

1. 内部样式表

正如之前的实例一样,我们把 CSS 代码写在< head >中的< style >标签内,与 HTML 内容位于同一文件,这就是内部样式表。这种方式方便在同页面中修改样式,但不利于在多页面间共享复用代码及维护,对内容和样式分离也不够彻底。实际开发中,会在页面开发结束后,将这些样式代码剪切到单独的 CSS 文件中,将样式和内容进行彻底的分离,即我们下面介绍的外部样式表。

2. 外部样式表

把 CSS 代码写到单独的 CSS 文件中,需要用到时在< head >中通过< link >标签来引用,这就是外部样式表,它的好处是将样式和内容进行彻底的分离,方便网站的维护和更新。其语法如下:

```
1    < link rel = "stylesheet" type = "text/css" href = "css 文件的地址" />
```

接下来看看如何使用外部样式表。

(1)新建一个文本文档,另存到 style 目录下,修改文件名和后缀名,例如"my. css"。

(2)把原来要写在< style >内的样式代码都写到 my. css 文件中。

(3)在< head >标签中加入< link >标签语句,并把 href 文件的地址属性设置为第一步另存为的"style/my. css",即:

```
1    < link rel = "stylesheet" type = "text/css" href = "style/my.css" />
```

下面通过一个示例来演示外部样式表。

```
1    < html >
2     <title>外部样式表</title>
3     < head >
4       < link rel = "stylesheet" type = "text/css" href = "style/my.css">
5     </head >
6     < body >
7       < h1 > h1 级别的标题: 红色</h1 >
8       < h2 > h2 级别的标题: 绿色</h2 >
9       < h3 > h3 级别的标题: 蓝色</h3 >
```

```
10      <p>这是一个段落：灰色</p>
11      </body>
12      </html>
```

CSS样式，my.css：

```
1       h1 {color:red}
2       h2 {color:green}
3       h3 {color:blue}
4       p {color:gray}
```

代码运行结果如图 5-4-1 所示。

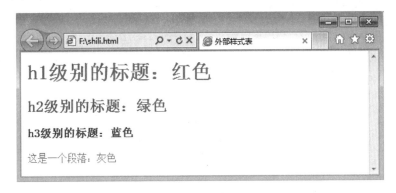

图 5-4-1　外部样式表效果

可以看到，外部样式表的效果与内部样式表的效果是完全一样的，但是内容和样式分离得更彻底，外部样式表可以用在多个页面上，实现了代码复用。当界面需要变化时，只需要修改 CSS 文件中的样式代码，即可实现网页的维护与更新。

3．内联样式

某些情况下，需要对某个特定标签进行单独设置，最直观的方法就是在标签的属性内进行直接设置。例如：

```
1       < a href = "http://www.baidu.com" style = "text – decoration:none" target = "_blank">
2       这是一个不带下画线的链接
3       </a>
```

由于要将表现和内容混杂在一起，内联样式会损失掉样式表的许多优势，所以在进行项目开发时，一般不太建议使用。

5.4.2　CSS 样式表的优先级

我们知道，CSS 被称为"层叠样式表"，对于页面中的某个元素，它允许同时应用多类样式，即样式的叠加，页面元素最终的样式即为多样式的叠加效果。但这存在一个问题：当同时应用以上 3 种样式表时，页面元素将继承这些样式，但是如果样式之间有冲突，应该继承哪种样式呢？即存在优先级的问题，同理，从选择器角度，当某个元素同时应用了标签选择

器、ID 选择器、类选择器等所定义的样式时,也存在着优先级的问题。CSS 中规定的优先级
规则为:

> 内联样式表>内部样式表>外部样式表
> ID 选择器>类选择器>标签选择器

"内联样式表>内部样式表>外部样式表"即为就近原则。

但是有个例外的情况,就是如果外部样式放在内部样式的后面,则外部样式将覆盖内部
样式。

例 5-4-1   外部样式覆盖内部样式

```
1    < head >
2        < style type = "text/css">
3          /*  内部样式  */
4          h3{color:green;}
5        </style>
6        <! -- 外部样式 style.css -->
7        < link rel = "stylesheet" type = "text/css" href = "style.css"/>
8        <! -- 设置: h3{color:blue;} -->
9    </head>
10   < body >
11       < h3 >测试!</h3 >
12   </body>
```

总结

> 使用 CSS 层叠样式表可以对页面元素外观风格进行全面精确的控制,实现网页的内
> 容与结构的分离,利于团队开发,提高开发效率等。
> CSS 样式规则采用选择器、属性、属性值进行描述。
> 选择器包含了标签选择器、类选择器、ID 选择器、伪类选择器、伪元素选择器、上下文
> 选择器、群组选择器等。
> 样式代码可以防止在当前网页的头部,也可以防止在网页之外的独立的样式文件
> 中,在网页的< head >标签内进行引入,也可以直接写在标签内的 style 属性中。
> 选择器和样式可以继承和叠加,但是也存在着优先级。

课后习题

(1) 在 HTML 页面中显示一首古诗词,在其中编写 CSS 样式代码。所有的字体均加
粗显示,标题行背景颜色为"yellow",如下图所示。

静夜思

窗前明月光,

疑是地上霜。

举头望明月,

低头思故乡。

　　(2) 在 HTML 页面中显示两行撕裂的表格,在其中编写 CSS 样式代码。"诺基亚""摩托罗拉""联想""戴尔"均为超链接,并未使用的超链接显示蓝色,没有下画线;鼠标悬停时,显示橙色,有下画线;鼠标点下时,显示绿色,没有下画线;单击以后,显示红色,有上画线,如下图所示。

手机		电脑	
诺基亚	摩托罗拉	联想	戴尔

第6章

常用的CSS样式

本章目标

> 了解并掌握背景的常用样式属性。
> 了解并掌握文本的常用样式属性。
> 了解并掌握字体的常用样式属性。
> 了解并掌握边框的常用样式属性。
> 了解并掌握列表相关的常用样式属性。
> 了解并掌握其他常用样式属性。

本章单词

请在预习时学会下列单词的含义和发音,并填写在横线处。

1. repeat:

2. fixed:

3. transparent:

4. uppercase:

5. lowercase:

6. underline:

7. medium:

8. alpha:

9. disc:

10. square:

11. decimal:

12. outside:

13. visibility:

14. cursor:

网页元素可以修饰的样式属性很多,常用的样式分为文本及字体、背景、列表、边框等几个方面,将逐一进行介绍。

6.1 颜色与背景

在这一节,将学习如何在网站上应用颜色与背景。利用与背景相关的属性,可以设置一个区域的背景颜色、背景图像,还能精确地控制背景出现的位置、平铺方向等。我们将对这些常用的颜色背景属性进行详解:

> color

> background-color

> background-image

> background-repeat

> background-attachment

> background-position

> background

1. 前景色:color

例如,假设要让页面中的所有< h1 >标签中内容都显示为深红色,那么可以用下面的代码来实现把 h1 元素的前景色设为红色。

```
1   h1 {
2     color: #ff0000;
3   }
```

颜色值可以用十六进制表示(如上例中的 #ff0000),也可以用颜色名称(如"red")或 RGB 值(如 rgb(255,0,0))表示。

2. 背景色:background-color

background-color 用于指定元素的背景色。

因为 body 元素包含了 HTML 文档的所有内容,所以,如果要改变整个页面的背景色,那么为 body 元素应用 background-color 属性即可。

也可以为其他包含标题或文本的元素单独应用背景色。在下例中,为 body 和 h1 元素分别应用了不同的背景色。

```
1   body {
2       background - color: #FFCC66;
3   }
4   h1 {
5       color: #990000;
6       background - color: #FC9804;
7   }
```

代码运行结果如图 6-1-1 所示。

图 6-1-1　背景色与前景色

注意：

背景图像优先于背景颜色，background-color 属性设置为 transparent 表示透明。

3. 背景图像：background-image

CSS 属性 background-image 用于设置背景图像。

在下面的示例中，使用了一朵花的图像作为背景。可以将该图片下载下来（方法为：鼠标右击该图片，然后选择"图片另存为"），以便在自己的计算机上使用。当然，也可以选用其他觉得满意的图片。

如果要把这张图片作为网页的背景图像，只要在 body 元素上应用 background-image 属性，然后给出花的图片的存放位置即可。

例 6-1-1　背景色与前景色

```
1    < html >
2     < head >
3      <title>背景图片</title>
4       < style type = "text/css">
5           body {
6                background - color: ♯FFCC66;
7                background - image: url("flower.png");
8           }
9           h1 {
10               color: ♯990000;
11               background - color: ♯FC9804;
12          }
13      </style >
14    </head >
15    < body >
16   </html >
```

代码运行结果如图 6-1-2 所示。

注意：

我们指定图片存放位置的方式：url("flower.png")。这表明图片文件和样式表存放在

图 6-1-2　背景图片

同一目录下。也可以引用存放在其他目录的图片，只需给出存放路径即可（如 url("../
images/flower.png")）；此外，甚至可以通过给出图片的地址来引用因特网（Internet）上的
图片（如 url("http://www.html.net/")）。

4．平铺背景图像：background-repeat

有没有发现在上例中那个花朵图片在横向和纵向都被平铺了？CSS 属性 background-
repeat 就是用于控制平铺的。

表 6-1-1 概括了 background-repeat 的 4 种不同取值。

表 6-1-1　**background-repeat 的 4 种不同取值**

值	描　　述	应 用 场 景
background-repeat:repeat-x	横向平铺	细长小图实现渐变效果
background-repeat:repeat-y	纵向平铺	小图背景实现特殊边框
background-repeat:repeat	横向和纵向都平铺，不填时的默认值	小方块图平铺构建整体背景
background-repeat:no-repeat	不平铺	大图做背景或使用偏移量控制

所以，为了让图片不平铺，应该加一句代码：

```
1    body {
2            background - color: #FFCC66;
3            background - image: url("flower.png");
4            background - repeat:no - repeat;
5    }
```

5．固定背景图像：background-attachment

CSS 属性 background-attachment 用于指定背景图像是固定在屏幕上的，还是随着它所
在的元素而滚动的。一个固定的背景图像不会随着用户滚动页面而发生滚动（它是固定在

屏幕上的),而一个非固定的背景图像会随着页面的滚动而滚动。

表 6-1-2 概括了 background-attachment 的两种不同取值,可以单击示例查看二者的区别。

表 6-1-2　background-attachment 的两种不同取值

值	描　述
background-attachment:scroll	图像会跟随页面滚动——非固定的
attachment:fixed	图像是固定在屏幕上的

例如,下面的代码将背景图像固定在屏幕上。

```
1   body {
2       background - color: #FFCC66;
3       background - image: url("flower.png");
4       background - repeat: no - repeat;
5       background - attachment: fixed;
6   }
7   h1 {
8       color: #990000;
9       background - color: #FC9804;
10  }
```

6. 放置背景图像:background-position

背景图像默认从被修饰元素的左上角开始显示图像,但是也可以使用 background-position 属性设置背景图显示的位置,将背景图像摆放在屏幕上觉得满意的地方,即背景图出现一定的偏移量。如表 6-1-3 所示,它可以使用具体的数值、百分比、关键词 3 种方式表示水平和垂直方向的偏移量。

表 6-1-3　background-position 属性设置

背景图出现的初始位置	描　述	示　例
Xpos　Ypos	使用具体的像素值表示背景出现的位置,第一个数值表示水平位置,第二个则表示垂直位置	0px 0px(默认,从左上角开始显示图片,无偏移效果) 20px－50px(图片向右移动 20px,向上移动 50px)
X%　Y%	使用百分比表示背景出现的位置	20% 50%(水平方向偏移 20%,垂直方向居中)
X 和 Y 方向关键词	使用关键词决定背景出现的位置,有 left、right、top、bottom 和 center,可自由组合	使用水平和垂直方向的关键词进行自由组合,如果不写,默认是 center 居中 left top 表示左上角 right bottom 表示右下角

背景图默认以左上角作为原点坐标,即(0px,0px),以此为基础设置背景图出现的水平方向和垂直方向的坐标。如某个方向的坐标为正,即正偏移,则背景图向右或向下偏移,相

反则是负偏移,背景图向左或向上偏移。

在下例中,改变了图片的显示位置:

```
1   body {
2       background - color: #FFCC66;
3       background - image: url("flower.png");
4       background - repeat: no - repeat;
5       background - attachment: fixed;
6       background - position:50px 80px;
7   }
```

网站开发中常见的应用是利用背景坐标偏移,截取某张背景图片中一部分的内容。为了减少客户端从服务器下载端下载图片的次数,提高服务器的性能,比较流行的做法是将多张图片合成一张大图,然后再利用 background-position 属性截取里面需要用到的各个小图,将小图显示在页面中。具体效果如图 6-1-3 所示。

从一张背景图中截取各个小图标,类似于我们用放大镜看地图一样,通过水平和垂直方向来移动放大镜即可获取到需要的位置。

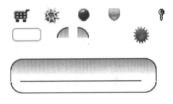

7. 简写:background

CSS 属性 background 是上述所有与背景有关的属性的缩写用法。使用 background 属性可以减少属性的数目,因此令样式表更简短易读。

图 6-1-3 拼合而成的大图

例如说下面 5 行代码:

```
1   background - color: #FFCC66;
2   background - image: url("flower.png");
3   background - repeat: no - repeat;
4   background - attachment: fixed;
5   background - position: right bottom;
```

如果使用 background 属性,实现同样的效果只需一行代码即可解决:

```
1   background: #FFCC66 url("flower.png") no - repeat fixed right bottom;
2
```

各个值应按下列次序来写:

[background - color] | [background - image] | [background - repeat] | [background - attachment] | [background - position]

如果省略某个属性不写出来,那么将自动为它的默认值。例如,如果去掉 background-attachment 和 background-position:

```
1   background: #FFCC66 url("flower.png") no - repeat;
```

这两个未指定值的属性将被设置为默认值：scroll 和 top left。

6.2　文本

文本属性用于定义文本的外观，可以用来设置文本块的文字颜色、字符间距、对齐方式、文字装饰、缩进、大小写转换等。常用的文本属性如下：

- ➢ text-indent
- ➢ text-align
- ➢ text-decoration
- ➢ letter-spacing
- ➢ text-transform

1. 文本缩进：text-indent

CSS 属性 text-indent 用于为段落设置首行缩进，以令其具有美观的格式。在下例中，为采用 p 元素的段落应用了 30 像素的首行缩进。

```
1   p {
2      text – indent: 30px;
3   }
```

2. 文本对齐：text-align

CSS 属性 text-align 与 HTML 属性 align 的功能相同。该属性的值可以是：left(左对齐)、right(右对齐)或者 center(居中)。除了上面 3 种选择以外，还可以将该属性的值设为 justify(两端对齐)，即伸缩行中的文字以左右靠齐。报刊杂志经常采用这种布局。在下例中，标题(th)中的文字被设置为右对齐，而表中数据(td)被设置为居中。正常的文本段落被设置为两端对齐。

```
1   th {
2      text – align: right;
3   }
4   td {
5      text – align: center;
6   }
7   p {
8      text – align: justify;
9   }
```

text-align 负责文本的水平对齐方式，而垂直方向的对齐方式由 vertical-align 来设置，常用的取值如表 6-2-1 所示。

表 6-2-1 垂直对齐方式的常用取值

属　性	取　值	描　述
vertical-align	baseline	默认,元素放置在父元素的基线上
	sub	垂直对齐文本的下标
	super	垂直对齐文本的上标
	top	把元素的顶端与行中最高元素的顶端对齐
	text-top	把元素的顶端与父元素字体的顶端对齐
	middle	把此元素放置在父元素的中部
	bottom	把元素的顶端与行中最低的元素的顶端对齐
	text-bottom	把元素的底端与父元素字体的底端对齐

下面请看具体的范例 6-2-1。

例 6-2-1　垂直方向对齐示例

```
1    <html>
2       <head>
3          <title>垂直方向对齐</title>
4          <style type="text/css">
5             img.top {vertical-align:text-top}
6             img.bottom {vertical-align:text-bottom}
7          </style>
8       </head>
9       <body>
10      <p>
11      这是一幅<img class="top" border="0" src="img.png" />位于段落中的图像。
12      </p>
13      <p>
14      这是一幅<img class="bottom" border="0" src="img.png" />位于段落中的图像。
15      </p>
16      </body>
17   </html>
```

代码运行如图 6-2-1 所示。

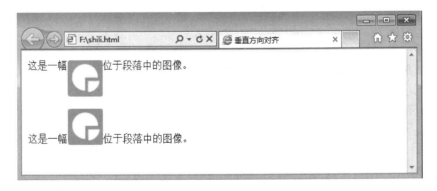

图 6-2-1　垂直方向对齐示例

3. 文本装饰：text-decoration

CSS 属性 text-decoration 令我们可以为文本增添不同的"装饰"或"效果"。例如,可以为文本增添下画线、删除线、上画线等。在接下来的例子中，为 h1 标题增添了下画线，为 h2 标题增添了上画线，为 h3 标题增添了删除线。

```
1   h1 {
2     text – decoration: underline;
3   }
4   h2 {
5     text – decoration: overline;
6   }
7   h3 {
8     text – decoration: line – through;
9   }
```

4. 字符间距：letter-spacing

CSS 属性 letter-spacing 用于设置文本的水平字间距。可以把期望的字间距宽度作为这个属性的值。例如，假如希望 p 元素里的文本段落的字间距为 3 个像素，而 h1 标题的字间距为 6 个像素，代码可以这样写：

```
1   h1 {
2   letter – spacing: 6px;
3   }
4   p {
5   letter – spacing: 3px;
6   }
```

5. 文本转换：text-transform

text-transform 用于控制文本的大小写。无论字母本来的大小写，可以通过该属性令其首字母大写（capitalize）、全部大写（uppercase）或者全部小写（lowercase），如文本中的 Hello world。具体取值见表 6-2-2。

表 6-2-2　text-transform 的取值

值	描　　述	示　　例
text-transform:capitalize	每个单词的首字母转换为大写	Hello World
text-transform:uppercase	所有字母都转换为大写	HELLO WORLD
text-transform:lowercase	所有字母都转换为小写	hello world

来举个例子，我们将使用一个姓名列表。所有姓名都用< li >（列表项）标签来标记。我们希望对姓名采用首字母大写的方式，而对标题采用全部大写的方式。

查看过该例的 HTML 代码后会发现，在 HTML 代码里我们写的姓名和标题全部都是小写。

```
1   h1 {
2       text – transform: uppercase;
3   }
4   li {
5       text – transform: capitalize;
6   }
```

6.3 字体

使用与字体相关的 CSS 属性,可以设置文字块的字体或字体组、字号大小、行间距以及加粗、倾斜、小型大写字体等特殊格式。我们还会考虑如何解决"网站所选的字体仅当访问者的 PC 上安装有该字体时才会被显示"这一难题。常用的字体样式属性如下:

- ➤ font-family
- ➤ font-style
- ➤ font-variant
- ➤ font-weight
- ➤ font-size
- ➤ line-height
- ➤ font

1. 字体族:font-family

字体族名称(就是我们通常所说的"字体")的例子包括"Arial""Times NewRoman""宋体""黑体"等。

用法如下:

```
1   h1 {font-family: "Times New Roman";}
```

注意我们为"Times New Roman"采用的写法:因为其中包含空格,所以用引号将它括起来。

2. 字体样式:font-style

font-style 定义所选字体的显示样式:normal(正常)、italic(斜体)或 oblique(倾斜)。在下例中,所有 h2 标题都将显示为斜体。

示例:

```
1   h2 {font-family: "Times New Roman"; font-style: italic;}
```

3. 字体变化:font-variant

font-variant 的值可以是 normal(正常)或 small-caps(小体大写字母)。small-caps 字体是一种以小尺寸显示的大写字母来代替小写字母的字体。不太明白? 我们来看几个例子:如果 font-variant 属性被设置为 small-caps,而没有可用的支持小体大写字母的字体,那么浏览器多半会将文字显示为正常尺寸(而不是小尺寸)的大写字母。

示例:

```
1   h1 {font-variant: small-caps;}
2   h2 {font-variant: normal;}
```

4. 字体浓淡:font-weight

font-weight 指定字体显示的浓淡程度。其值可以是 normal(正常)或 bold(加粗)。有些浏览器甚至支持采用 $100\sim900$ 的数字(以百为单位)来衡量字体的浓淡。

示例:

```
1    p {font - family: arial, verdana, sans - serif; }
2    td {font - family: arial, verdana, sans - serif; font - weight: bold; }
```

5. 字体大小: font-size

字体的大小用 font-size 来设置。

字体大小可通过多种不同单位(如像素或百分比等)来设置。本节将关注最常用和最合适的单位。例如:

例 6-3-1   不同单位的字体大小

```
1     < html >
2      < head >
3       < title >字体大小</title>
4        < style type = "text/css">
5             ♯p1{font - size: 30px; }
6             ♯p2{font - size: 30pt; }
7             ♯p3{font - size: 130 % ; }
8             ♯p4{font - size: 3em; }
9         </style >
10     </head >
11     < body >
12       < p id = "p1">这是一段话.</p>
13       < p id = "p2">这是一段话.</p>
14       < p id = "p3">这是一段话.</p>
15       < p id = "p4">这是一段话.</p>
16     </body >
17    </html >
```

代码运行后效果如图 6-3-1 所示。

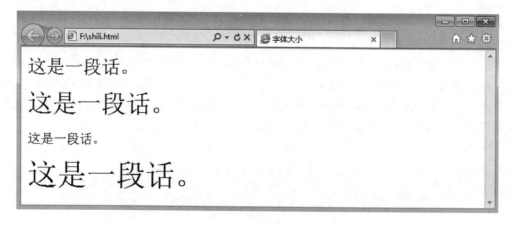

图 6-3-1   不同单位的字体大小

上面 4 种单位有着本质的区别。"px"和"pt"将字体设置为固定大小,而"％"和"em"允许页面浏览者自行调整字体的显示尺寸。有些页面浏览者可能是残疾者、年长者、视力不佳者,或者他所使用的计算机显示屏显示质量差。为了网站对所有人都具有良好的可用性,应采用像"％"或"em"这种允许用户调节字体显示大小的单位。

6. 行高:line-height

用来设置文本块的行高即行间距,可以使用 px(像素)或者百分比来取值。

示例:

```
1   p{
2       line - height:28px
3   }
```

7. 简写:font

font 是上述各有关字体的 CSS 属性的缩写用法。

例如下面 4 行应用于 p 元素的代码:

```
1   p {
2       font - style: italic;
3       font - weight: bold;
4       font - size: 30px;
5       font - family: arial;
6   }
```

如果用 font 属性,上述 4 行代码可简化为:

```
1   p {
2     font: italic bold 30px arial;
3   }
```

注意:

font-family、font-size 等是 font 的子属性,所以一般利用 font 属性一次设置字体的所有样式属性。但是需要注意几种格式的顺序依次为:font-style | font-variant | font-weight | font-size | font-family。

6.4　边框

边框(border)可以有多种用途,例如作为装饰元素或作为划分两物的分界线。在设置边框方面,CSS 提供了很多选择。常用的边框属性有以下几种:

➤ border-width

➤ border-color

➤ border-style

➤ border

1. 边框宽度：border-width

边框宽度由 CSS 属性 border-width 定义,其值可以是 thin(薄)、medium(普通)或 thick
(厚)等,也可以是像素值,如图 6-4-1 所示。

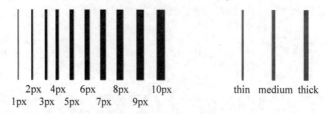

图 6-4-1　边框宽度

2. 边框颜色：border-color

CSS 属性 border-color 用于定义边框的颜色。其值就是正常的颜色值,例如:"♯
123456""rgb(123,123,123)""yellow"等。

3. 边框样式：border-style

border-style 属性用来为各个边框设置线型,常用的值有 solid、dashed、dotted、double
等,使用 none 则是无边框。

如图 6-4-2 所示,显示了 8 种边框,它们都是以金色作为边框颜色,边框厚度为 thick,但
是样式不同。

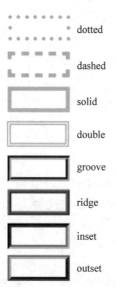

图6-4-2　不同样式的边框

可以将上面 3 个有关边框的 CSS 属性组合起来使用,从而制造出多种多样的变化。来
举个例子,我们要为一个文档中的 h1、h2、ul 和 p 等元素分别定义不同的边框。

例 6-4-1　边框样式示例

```
1    <html>
2     <head>
```

```
3        <title>边框</title>
4          <style type = "text/css">
5          h1 {
6              border - width: thick;
7              border - style: dotted;
8              border - color:gold;
9          }
10         h2 {
11             border - width: 20px;
12             border - style: outset;
13             border - color: red;
14         }
15         p {
16             border - width: 1px;
17             border - style: dashed;
18             border - color: blue;
19         }
20         ul {
21             border - width: thin;
22             border - style: solid;
23             border - color: orange;
24         }
25         </style>
26   </head>
27   <body>
28       <h1>一级标题</h1>
29       <h2>二级标题</h2>
30       <p>段落</p>
31       <ul>
32           <li>北京</li>
33           <li>长沙</li>
34           <li>重庆</li>
35       </ul>
36   </body>
37   </html>
```

代码运行结果如图 6-4-3 所示。

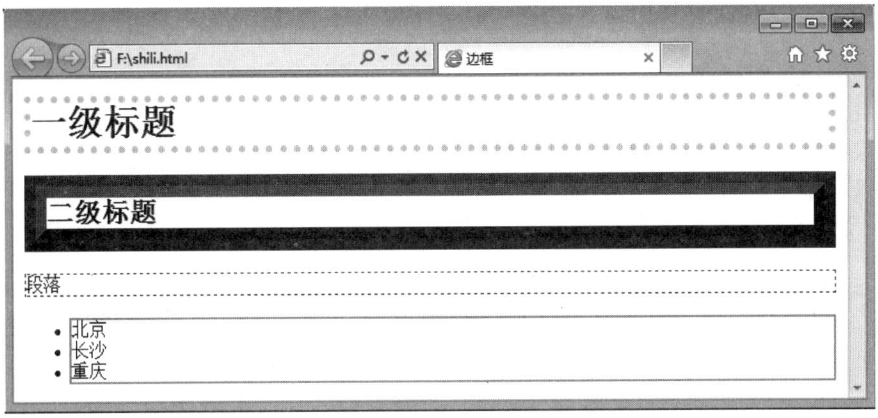

图 6-4-3　边框样式配合使用

也可以为上边框、下边框、右边框、左边框分别指定特定的 CSS 属性。具体做法如下例所示：

```
1   h1 {
2       border - top - width: thick;
3       border - top - style: solid;
4       border - top - color: red;
5       border - bottom - width: thick;
6       border - bottom - style: solid;
7       border - bottom - color: blue;
8       border - right - width: thick;
9       border - right - style: solid;
10      border - right - color: green;
11      border - left - width: thick;
12      border - left - style: solid;
13      border - left - color: orange;
14  }
```

4. 缩写：border

与许多其他属性一样，也可以将有关边框的 CSS 属性缩写为一个 border 属性。看以下例子。

```
1   p {
2       border - width: 1px;
3       border - style: solid;
4       border - color: blue;
5   }
```

可缩写为

```
1   p {
2   border: 1px solid blue;
3   }
```

border-width（border-style、border-color）属性如果只有一个值，则它表示 4 条边框共同的属性；如果有两个值，则第一个值表示顶边框和底边框的属性，第二个值表示左右边框的属性；如果有 3 个值，则第一个值表示顶边框的属性，第二个值表示左右边框的属性，第三个值表示底边框的属性。

左右相邻的两个单元格本来有各自独立的 4 个边框，大部分时候我们希望左边单元格的右边框和右边单元格的左边框合并在一起，可以在这些单元格所属的表格上设置单元格边框的合并属性值为 collapse 即可，即：border-collapse:collapse。

6.5　列表

list-style 属性用于定义列表的各类风格。例如：定义列表的类型图标、列表项标记的位置等。常用属性有如下几种：

➢ list-style-type

➢ list-style-position

➢ list-style-image

➢ list-style

1. 列表项标记类型：list-style-type

list-style-type 可用来设置列表项标记的类型，常用的取值有 none、disc、circle、square、decimal 等，如表 6-5-1 所示。

表 6-5-1　**list-style-type 的常用取值**

属　性　值	方　　式	示　　例
none	去掉修饰符号	跳舞 唱歌
disc	实心圆（＜ul＞默认类型）	● 跳舞 ● 唱歌
circle	空心圆	○ 跳舞 ○ 唱歌
square	实心正方形	■ 跳舞 ■ 唱歌
decimal	数字（＜ol＞默认类型）	跳舞 唱歌

2. 列表项标记位置：list-style-position

list-style-position 属性用来设置列表中列表项标记被放置的位置，常用属性有 inside 和 outside，取值 inside 表示列表项标志插入到列表区域开始处，就像是第一个字符；outside 则表示列表项标志位于列表区域外面，为不填时的默认值。

3. 列表项标记图像：list-style-image

list-style-image 属性可以将列表项标记设置为图像。取值为图像的地址，也可设置为 none。

4. 列表项标记样式：list-style

list-style 可将所有用于列表的属性值设置于一个声明中。与前面的简写样式一样，它是有顺序的。依次设置 list-style-type、list-style-position、list-style-image，值之间使用空格分隔。

例 6-5-1　列表样式示例

```
1   <html>
2   <head>
3    <title>列表样式</title>
4     <style type = "text/css">
5     ul.disc {
6         list - style - type:disc;
7         list - style - position:outside;
8      }
```

```
9       ol.ualpha{
10          list - style - type:upper - alpha;
11          list - style - position:inside;
12      }
13      </style>
14   </head>
15   < body >
16      < ul class = "disc">
17          <li>北京</li>
18          <li>上海</li>
19          <li>广州</li>
20      </ul>
21      < ol class = "ualpha">
22          <li>北京</li>
23          <li>上海</li>
24          <li>广州</li>
25      </ol>
26      < ul style = "list - style:circle inside url( img. png);">
27          <li>北京</li>
28          <li>上海</li>
29          <li>广州</li>
30      </ul>
31   </body>
32   </html>
```

代码运行结果如图 6-5-1 所示。

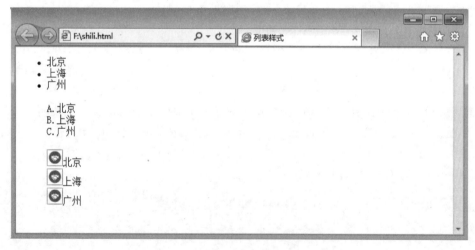

图 6-5-1　列表样式配合使用

说明：

list-style-type 属性的值 disc、circle、square 分别表示圆点、圆圈、正方形，一般用于无序列表。

list-style-type 属性的值 decimal、lower-roman、upper-roman、lower-alpha、upper-alpha 分别表示阿拉伯数字、小写英文字母、大写英文字母、小写希腊字母、大写希腊字母,一般用于有序列表。

6.6 其他杂项

除了上述一些基本样式之外,还有一些其他常用的 CSS 样式属性,如表 6-6-1 所示。

表 6-6-1 常用的 CSS 样式属性

属　性	描　述	取　值
display	设置元素如何显示	可设置为 inline、block 等方式显示,设置为 none 则不显示
visibility	设置元素的可见性	可设置为 visible 或 hidden。元素隐藏,但仍然占据页面空间
cursor	设置光标的样式	常用的值有 help、wait、move、pointer 等,光标样式不一样

现在通过具体的范例来了解以上样式。

例 6-6-1 常用 CSS 样式案例

```
1   < html >
2   < head >
3     < title >其他常用样式</title>
4       < style type = "text/css">
5           div{
6               width:220px;
7               height:180px;
8               border:1px solid blue;
9           }
10
11      </style>
12   </head>
13   < body >
14      < div >
15          < h2 style = "cursor:help;background – color:pink">光标 HELP </h2>
16          < p style = "display:none">display 隐藏</p>
17          < p style = "visibility:hidden">visibility 隐藏</p>
18          <p>常用样式</p>
19      </div>
20   </body>
21   </html>
```

代码运行结果如图 6-6-1 所示。

说明:

鼠标移动到< h2 >标签上时,鼠标变为帮助的图标。

将第一个段落显示出来,即将 display:none 修改为 display:block,重新运行。结果如图 6-6-2 所示。

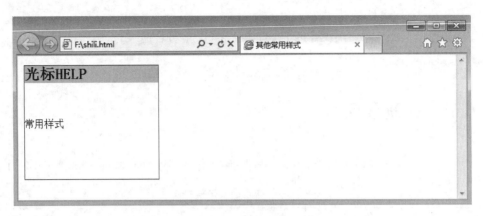

图 6-6-1 列表样式配合使用

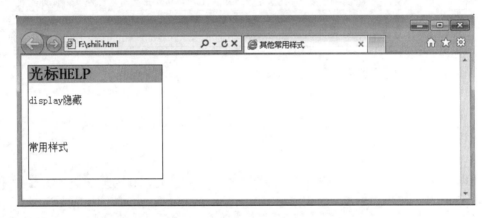

图 6-6-2 将第一段 display 显示

可以看到,使用 visibility:hidden 隐藏的第二个段落仍然占据着页面上的空间。

再次修改代码,将第一个段落隐藏,第二个段落显示出来,即将 visibility:hidden 改为 visibility:visible,再次运行,如图 6-6-3 所示。

可以看到,使用 display:none 所隐藏的部分不会占据页面上的空间。

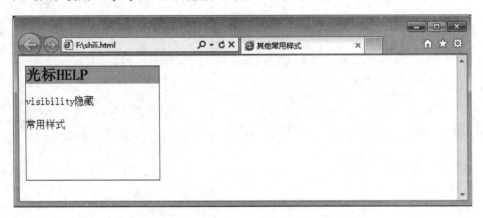

图 6-6-3 将第一段落 display 隐藏,第二段落显示

总结

➤ 设置背景可使用 background 属性，包括 background-color、background-image、background-repeat、background-attachment、background-position 等属性。

➤ 设置文本可以使用很多 text-* 的属性，包含 text-indent、text-align、text-decoration、letter-spacing、text-transform 等属性。

➤ 设置字体可使用 font 属性，常用到的有 font-family、font-style、font-variant、font-weight、font-size、line-height 等属性。

➤ 设置边框可以使用 border 属性，包含 border-width、border-color、border-style 等属性。

➤ 设置列表可使用 list-style 属性，包含 list-style-type、list-style-position、list-style-image 等属性。

➤ 其他比较常用的还有元素的隐藏或者显示，还可以对元素上方的光标进行样式的设置。

课后习题

（1）在 HTML 页面中显示一个两行两列的表格，在其中编写 CSS 样式代码，要求如下：表格的背景颜色为"yellow"，文字靠右对齐，右边框线显示为虚线，如下图所示。

（2）模拟下图所示的页面。

(3) 创建 HTML 页面,制作横向导航菜单,如下图所示。

提示:

上图所示导航效果,采用的是列表布局,参考代码如下:

```
1    …
2    <ul>
3        <li><a href = "♯">首页</a></li>
4        …
5    </ul>
6    …
```

鼠标移到超链接时其背景图片发生改变,使用 background-position 属性来设置背景图片的位置。

第7章

Web标准与页面布局基础

7.1 Web 标准

W3C 即万维网联盟（World Wide Web Consortium），是一个制定相关 Web 标准（如 HTML、CSS 和 XML 等）的非营利组织。微软、Mozilla 基金会以及许多其他的公司与组织都是 W3C 的成员，它们共同协商确定 Web 标准的未来发展。

同一网页在不同浏览器上的显示效果会存在着天壤之别。要设计一个能在 Mozilla、Internet Explorer、Opera 及其他现有浏览器上都能良好显示的网页,是件十分费时和令人头痛的事情。

制定标准的目的就是为了在关于"如何使用 Web 技术"这个问题上达成统一意见。这意味着,Web 开发者只要遵循标准就能确保他所设计的网页能在不同浏览器上均有较良好的显示效果。因此,建议支持 W3C 的工作,并对 CSS 进行验证,以确保符合标准。

对于浏览器开发商和 Web 程序开发人员在开发新的应用程序时遵守指定的标准更有利于 Web 更好地发展。开发人员按照 Web 标准制作网页,这样对于开发者来说就更加简单了,因为他们可以更容易地了解该编码使用的 Web 标准,将确保所有浏览器正确显示网站而无须费时重写。遵守标准的 Web 页面可以使得搜索引擎更容易访问并收入网页,也可以更容易转换为其他格式,并更易于访问程序代码(如 JavaScript 和 DOM)。

Web 标准不是某一个标准,而是一系列标准的集合。网页主要由 3 部分组成:结构(Structure)、表现(Presentation)和行为(Behavior)。对应的标准也分 3 方面:结构化标准语言主要包括 XHTML 和 XML,表现标准语言主要包括 CSS,行为标准主要包括对象模型(如 W3C DOM)、ECMAScript 等。这些标准大部分由万维网联盟(外语缩写:W3C)起草和发布,也有一些是其他标准组织制定的标准,例如 ECMA (European Computer Manufacturers Association)的 ECMAScript 标准。

7.1.1　结构标准

可扩展标记语言 XML 是标准通用标记语言下的一个子集。和 HTML 一样,XML 同样来源于标准通用标记语言,可扩展标记语言和标准通用标记语言都是能定义其他语言的语言。XML 最初设计的目的是弥补 HTML 的不足,以强大的扩展性满足网络信息发布的需要,后来逐渐用于网络数据的转换和描述。

可扩展超文本标识语言(The Extensible HyperText Markup Language,XHTML)。目前推荐遵循的是 W3C 于 2000 年 1 月 26 日推荐 XML1.0。XML 虽然数据转换能力强大,完全可以替代 HTML,但面对成千上万已有的站点,直接采用 XML 还为时过早。因此,我们在 HTML4.0 的基础上,用 XML 的规则对其进行扩展,得到了 XHTML。简单地说,建立 XHTML 的目的就是实现 HTML 向 XML 的过渡。

7.1.2　表现标准

层叠样式表(CSS)。目前推荐遵循的是万维网联盟(W3C)于 1998 年 5 月 12 日推荐 CSS2。W3C 创建 CSS 标准的目的是以 CSS 取代 HTML 表格式布局、帧和其他表现的语言。纯 CSS 布局与结构式 XHTML 相结合能帮助设计师分离外观与结构,使站点的访问及维护更加容易。

7.1.3　行为标准

文档对象模型(Document Object Model,DOM)。根据 W3C DOM 规范(http://www.w3.org/DOM/),DOM 是一种与浏览器、平台、语言的接口,使得用户可以访问页面其他的标准组件。简单理解,DOM 解决了 Netscape 的 Javascript 和 Microsoft 的 Jscript 之间的冲突,给予 Web 设计师和开发者一个标准的方法,让他们来访问他们站点中的数据、脚本和表现层对象。

7.1.4 CSS 的验证

为了便于验证是否符合 CSS 标准,W3C 开发了一个称为验证器的程序。它可以读取样式表,并验证样式表是否符合 CSS 标准,如果不符合,它会列出错误并给出警告信息。

为了方便进行样式表的验证,可以直接在网页上进行验证。只要在下面的输入框里提供自己的样式单的 URL,并单击"验证样式表"即可。如果有错误,网页上将给出有关错误信息。如输入网址 http://www.html.net/site/style/screen.css 进行验证。

如果验证器没有发现任何错误,那么网页上将显示下面的图片。可以将这个图片放在网页里,表明所用的 CSS 是符合标准的。

也可以通过下面的链接进入 W3C CSS 验证器页面:http://jigsaw.w3.org/css-validator/。

7.2 XHTML

可扩展超文本标记语言是一种置标语言,表现方式与超文本标记语言(HTML)类似,不过语法上更加严格。

从继承关系上讲,HTML 是一种基于标准通用置标语言的应用,是一种非常灵活的置标语言,而 XHTML 则基于可扩展标记语言,可扩展标记语言是标准通用置标语言的一个子集。XHTML 1.0 在 2000 年 1 月 26 日成为 W3C 的推荐标准。

XHTML 是当前 HTML 版的继承者。HTML 语法要求比较松散,这样对网页编写者来说,比较方便,但对于机器来说,语言的语法越松散,处理起来就越困难,对于传统的计算机来说,还有能力兼容松散语法,但对于许多其他设备,如手机,难度就比较大。因此产生了由 DTD(文档类型定义)定义规则、语法要求更加严格的 XHTML。

大部分常见的浏览器都可以正确地解析 XHTML,即使旧版本的浏览器,XHTML 作为 HTML 的一个子集,许多也可以解析。也就是说,几乎所有的网页浏览器在正确解析 HTML 的同时,可兼容 XHTML。当然,从 HTML 完全转移到 XHTML,还需要一个过程。

与层叠式样式表(CSS)结合后,XHTML 能发挥真正的威力;这使实现样式与内容分离的同时,又能有机地组合网页代码,在另外的单独文件中,还可以混合各种 XML 应用,如 MathML、SVG。

XHTML 与 HTML 对比有以下几个不同:

➤ 所有的标记都必须要有一个相应的结束标记。

以前在 HTML 中,可以打开许多标签,例如使用< li >而不一定写对应的</li >来关闭它们。但在 XHTML 中这是不合法的。XHTML 要求有严谨的结构,所有标签必须关闭。如果是单独不成对的标签,在标签最后加一个"/"来关闭它。例如:

< img height = "80" alt = "网页设计师" src = "../images/logo_w3cn_200x80.gif" width = "200" />。

➤ 所有标签的元素和属性的名字都必须使用小写。

与 HTML 不一样,XHTML 对大小写是敏感的,< title >和< TITLE >是不同的标签。

XHTML 要求所有的标签和属性的名字都必须使用小写。例如,< BODY >必须写成< body >。大小写夹杂也是不被认可的,通常 Dreamweaver 自动生成的属性名字 onMouseOver 也必须修改成 onmouseover。

➢ 所有的 XML 标记都必须合理嵌套。

同样因为 XHTML 要求有严谨的结构,因此所有的嵌套都必须按顺序,以前这样写的代码:< p >< b ></p ></b >,必须修改为:< p >< b ></b ></p >。

就是说,一层一层的嵌套必须是严格对称。

➢ 所有的属性必须用引号" "括起来。

在 HTML 中,可以不需要给属性值加引号,但是在 XHTML 中,它们必须被加引号。例如:< height=80 >必须修改为:< height="80">。特殊情况,需要在属性值里使用双引号,可以用",单引号可以使用 ',例如:< alt="say'hello'">。

➢ 把所有< 和 & 特殊符号用编码表示。

任何小于号(<),不是标签的一部分,都必须被编码为 <

任何大于号(>),不是标签的一部分,都必须被编码为 >

任何与号(&),不是实体的一部分的,都必须被编码为 &

注:以上字符之间无空格。

➢ 给所有属性赋一个值。

XHTML 规定所有属性都必须有一个值,没有值的就重复本身。例如:

```
< input type = "checkbox" name = "shirt" value = "medium" checked>
```

必须修改为:

```
< input type = "checkbox" name = "shirt" value = "medium" checked = "checked" />
```

➢ 不要在注释内容中使用"--"。

"--"只能发生在 XHTML 注释的开头和结束,也就是说,在内容中它们不再有效。例如下面的代码是无效的:

```
<! -- 这里是注释 ----------- 这里是注释 -->
```

用等号或空格替换内部的虚线。

```
<! -- 这里是注释 =========== 这里是注释 -->
```

以上这些规范有的看上去比较奇怪,但这一切都是为了使我们的代码有一个统一、唯一的标准,便于以后的数据再利用。

➢ 图片必须有说明文字。

每个图片标签都必须有 alt 说明文字。

< img src="ball.jpg" alt="large red ball" title="large red ball"/> //为了兼容火狐和 IE 浏览器,对于图片标签,尽量采用 alt 和 title 双标签,单纯的 alt 标签在火狐下没有图片说明!

那么如何将 HTML 转换为 XHTML 呢?

➢ 添加一个 XHTML <! DOCTYPE >到网页中。

- ➤ 添加 xmlns 属性到每个页面的 HTML 元素中。
- ➤ 修改所有的元素为小写。
- ➤ 关闭所有的空元素。
- ➤ 修改所有的属性名称为小写。
- ➤ 所有属性值添加引号。

7.3 CSS 中的盒状模型

盒状模型(box model)是实现页面布局的基础,学习页面的布局必须先理解盒状模型。

7.3.1 盒状模型

盒子的概念在我们生活中并不陌生,例如礼品的包装盒,礼品是最终运输的物品,四周一般会添加用于抗振的填充材料,再外面是包装纸壳,如图 7-3-1 所示。

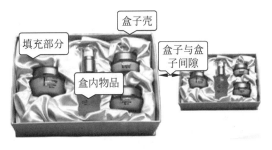

图 7-3-1 现实中的盒子

CSS 中盒子模型的概念与此类似,它可用于描述一个为 HTML 元素形成的矩形盒子。盒状模型还涉及为各个元素调整外边距(margin)、边框(border)、内边距(padding)和内容的具体操作。图 7-3-2 显示了盒状模型的结构。

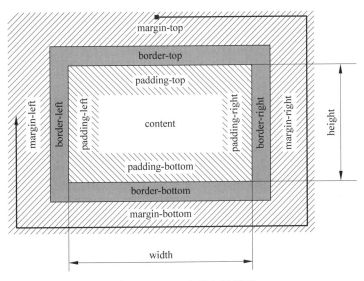

图 7-3-2 CSS 中的盒装模型

它包括如下属性：

> 边框（border）：对应包装盒的纸壳，边框有大小和颜色之分。
> 内边距（padding）：位于边框内部，是内容与边框的距离，相当于怕盒子里装的东西（贵重的）损坏而添加的泡沫或其他抗振的辅料。
> 外边距（margin）：位于边框外部，是边框外周围的间隙，有的书中也称之为"边界"。
> 内容（content）：对应盒内物品。

除了平面结构外，盒子模型还包括三维的立体结构图，如图7-3-3所示，从上往下看，它表示的层次关系依次如下：

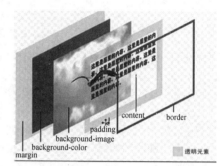

> 边框（border），位于盒子的第一层。
> 元素内容（content）、内边距（padding），两者同位于第二层。
> 背景图（background-image），位于第三层。
> 背景色（background-color），位于第四层。
> 整个盒子的外边距（margin），位于第五层。

图7-3-3　CSS中的盒状模型三维示意图

上面的图示看上去可能感觉有点理论化，好吧，下面试着用一个实例来解释盒状模型。在例子中，有一个标题和一些文本。该例的HTML代码如下（摘自世界人权宣言）：

```
1    <h1>Article 1:</h1>
2    <p>All human beings are born free and equal
3    in dignity and rights. They are endowed
4    with reason and conscience and should
5    act towards one another in a spirit of
6        brotherhood
7    </p>
```

通过添加一些颜色及字体信息，该例可以有如图7-3-4所示的显示效果。

这个例子包含了两个元素：h1和p。这两个元素的盒状模型如图7-3-5所示。

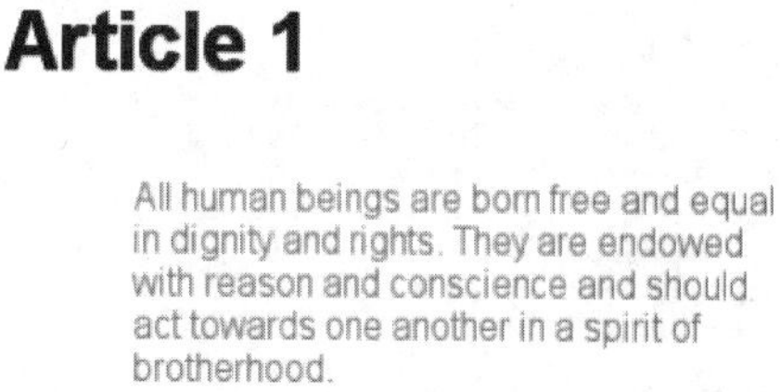

Article 1

All human beings are born free and equal in dignity and rights. They are endowed with reason and conscience and should act towards one another in a spirit of brotherhood.

图7-3-4　h1标签和p标签显示图

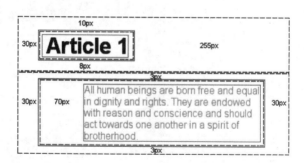

图7-3-5　h1标签和p标签对应的盒状模型

尽管图7-3-5显得有点复杂，不过它展示了每个HTML元素是如何被盒子所围绕的。可以通过CSS来调整这些盒子。

因为盒子是矩形结构,所以边框、内边距、外边距这些属性都分别对应着上(top)、下(bottom)、左(left)、右(right)4 个边,这 4 个边的设置可以不同。

此外,盒子还有块级盒子(block box)和内联盒子(inline box)之分。这两种盒子分别是块级元素与内联元素的默认盒子模型。

常见的块级元素有 div、table、form、fieldset、h1~h6、p、ol、ul、li、hr 等。常见的内联元素有 span、a、label、input、select、textarea、img、embed 等标签元素。在显示时,块级元素显示为独立的一块矩形区域,它的前后都会换行;内联元素不会换行,它会和其他内联元素一起在一行内显示。

一般来说,内敛元素只能包含文本和其他内联元素;而块级元素则能包含内联元素和其他块级元素。

所有被 body 包含的元素,要么是块级的,要么是内联的,要么既是块级的又是内联的;不存在一个能被 body 包含但既非块级也非内联的元素。

7.3.2　margin(外边距)

margin(外边距)位于盒子的边框外,表示从一个元素的边到相邻元素(或者文档边界)之间的距离。根据上、下、左、右 4 个方向,可细分为上外边距、下外边距、左外边距和右外边距。具体属性如表 7-3-1 所示。

表 7-3-1　margin 的具体属性

属　　性	含　　义	举　　例
margin-top	上外边距	margin-top:1px
margin-bottom	下外边距	margin-bottom:2px
margin-left	左外边距	margin-left:3px
margin-right	右外边距	margin-right:5px
margin	在一个声明中统一设置 4 个方向的外边距	margin:1px 2px 5px 4px

注意:

可以分别设置 4 个方向的属性,也可以使用 margin 一次性设置,但是必须按照顺时针方向依次代表上(top)、右(right)、下(bottom)、左(left)。如省略,则按上下、左右同值处理,这些规则同样适用于后续讲解的边框和内边距,举例说明如下:

➢ margin:1px 2px 3px 4px 表示上外边距 1px,右外边距 2px,下外边距 3px,左外边距 4px。

➢ margin:1px 2px 3px 等同于 margin:1px 2px 3px 2px。

➢ margin:1px 2px 等同于 margin:1px 2px 1px 2px。

➢ margin:1px 等同于 margin:1px 1px 1px 1px。

取值一般使用像素单位,即 px,也可以使用百分比。特殊设置例如把水平设置为 auto,表示让计算器计算外边距,一般表现为水平居中。例如 margin:0px auto,表示在父级元素容器中水平居中(上下边距为 0px,左右边距自动计算)。

例如要实现如图 7-3-6 所示的效果。

那么代码如下所示:

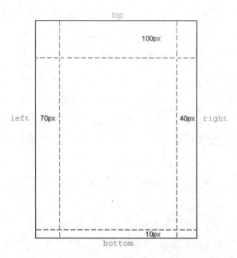

图 7-3-6　外边距

```
1    body {
2        margin - top:100px;
3        margin - right:40px;
4        margin - bottom:10px;
5        margin - left:70px;
6    }
```

或者直接使用简写：

```
1    body {
2        margin: 100px 40px 10px 70px;
3    }
```

例 7-3-1　外边距示例

```
1    <!DOCTYPE html PUBLIC " - //W3C//DTD XHTML 1.0 Strict//EN"
2        "http://www.w3.org/TR/xhtml1/DTD/xhtml1 - strict.dtd">
3    <html>
4        <head>
5            <title>外边距</title>
6            <style type = "text/css">
7                .normal{
8                    border:1px solid red;
9                }
10               .margin{
11                   width:400px;
12                   margin:30px 10px 40px 60px;
13                   border:1px solid red;
14               }
15               .automargin{
```

```
16                  width:400px;
17                  margin:0px auto;
18                  border:1px solid red;
19              }
20          </style>
21      </head>
22
23      <body>
24          <p class = "normal">普通段落</p>
25          <p class = "margin">有边距的段落,按顺时针来设置外边距。</p>
26          <p class = "automargin">位置水平居中的段落,不是指里面的内容</p>
27      </body>
28  </html>
```

代码运行如图 7-3-7 所示。

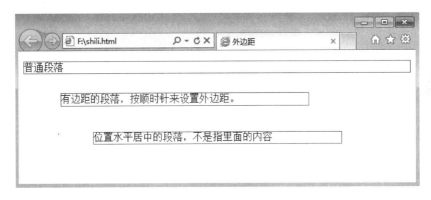

图 7-3-7　外边距示例

对于<p>标签中的内容实现水平居中,我们可以使用之前学过的"text-align:center";对于垂直居中,常见的是单行文字的居中问题,可以设置文字所在行的高度 height 与文字行高属性"line-height"一致。

例如:

```
1   div{width:200px;height:200px;line - height:200px; …… }
```

7.3.3　border(边框)

对于边框,在第 6 章有过详细的介绍,这里就不再重复讲解了。

7.3.4　padding(内边距)

边框确定好了之后,一般还要设置边框与内容之间的距离,以便精确控制内容在盒子中的位置。与 border 最明显的区别在于:padding 并非实体,而是透明留白,所以并没有修饰属性,与外边距比较相似。常用属性如表 7-3-2 所示。

表 7-3-2　padding 的常用属性

属　　性	含　　义	举　　例
padding-top	内容与上边框的距离	padding-top:1px
padding-bottom	内容与下边框的距离	padding-bottom:2px
padding-left	内容与左边框的距离	padding-left:3px
padding-right	内容与右边框的距离	padding-right:5px
padding	在一个声明中统一设置 4 个方向的填充距离	padding:1px 2px 5px 4px

注意：

填充距离不允许为负值。

可以使用 padding 一次性设置 4 个方向的填充距离，与 margin 一样，也是按照顺时针方向来设置，即上、右、下、左的顺序。

下面来看一个简单的例子：

例 7-3-2　内边距示例

```
1   <!DOCTYPE html PUBLIC " - //W3C//DTD XHTML 1.0 Strict//EN"
2       "http://www.w3.org/TR/xhtml1/DTD/xhtml1 - strict.dtd">
3   <html>
4      <head>
5         <title>内边距</title>
6         <style type = "text/css">
7         h2 {
8             background: orange;
9             padding - left:120px;
10        }
11        p {
12            background: yellow;
13            padding: 20px 20px 20px 80px;
14        }
15        </style>
16     </head>
17     <body>
18        <h2>左内边距 120px </h2>
19        <p>上下内边距为 20px,右内边距 20px,左内边距 80px</p>
20     </body>
21   </html>
```

代码运行如图 7-3-8 所示。

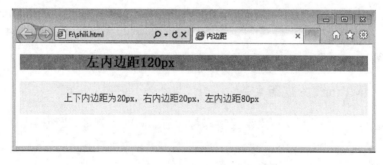

图 7-3-8　内边距示例

7.3.5　宽高及实际占位

CSS 尺寸属性指的是 content 内容区域的宽和高。使用 width 和 height 属性可以设置内容区域的宽度和高度。

1. 设定宽度：width

可以通过 width 属性来设定一个元素的宽度，即在水平方向上的尺寸。下面是一个简单的例子，它为我们提供了一个可以容纳文本的盒子。

```
1  div.box {
2      width: 500px;
3      border: 1px solid black;
4      background: orange;
5  }
```

2. 设定高度：height

注意上一个例子，盒子里内容的长短决定了盒子的高度。也可以通过 height 属性来设定一个元素的高度。例如，要把上面那个例子中的盒子高度设定为 200 像素，代码如下：

例 7-3-3　元素宽高示例

```
1  <!DOCTYPE html PUBLIC " - //W3C//DTD XHTML 1.0 Strict//EN"
2      "http://www.w3.org/TR/xhtml1/DTD/xhtml1 - strict.dtd">
3  <html>
4      <head>
5          <title>宽高</title>
6          <style type = "text/css">
7          div{
8                  height: 200px;
9                  width: 500px;
10                 border: 1px solid black;
11                 background: orange;
12         }
13         </style>
14     </head>
15     <body>
16         <div></div>
17     </body>
18 </html>
```

代码运行如图 7-3-9 所示。

对于某个页面元素，有如下的结论：

元素的实际占位尺寸＝元素尺寸＋填充＋边框

这个结论按照横纵向可分为以下两种情况：

➢ 元素的实际占位高度＝ height 属性＋上下填充高度＋上下边框高度

➢ 元素的实际占位宽度＝ width 属性＋左右填充高度＋左右边框厚度

理解页面元素的宽高和实际占位的关系，有助于提高我们后续页面布局中尺寸大小的计算。

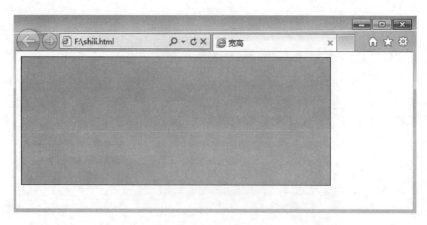

图 7-3-9　元素宽高示例

7.3.6　溢出

当内容区域的尺寸不足以容纳元素的内容时,超出的部分如何处理呢? 使用 overflow 属性可以设置如何处理溢出的内容,如表 7-3-3 所示。

表 7-3-3　overflow 属性的取值

属　性	取　值	描　述
overflow	visible	默认值。内容不会被修剪,会呈现在元素框之外
	hidden	内容会被修剪,并且其余内容是不可见的
	scroll	内容会被修剪,但是会显示滚动条以便查看其余的内容
	auto	如果内容被修剪,则会显示滚动条以便查看其余的内容
	inherit	规定应该从父元素继承 overflow 属性的值

下面来看一个示例:

例 7-3-4　内容溢出示例

```
1    <!DOCTYPE html PUBLIC " - //W3C//DTD XHTML 1.0 Strict//EN"
2        "http://www.w3.org/TR/xhtml1/DTD/xhtml1 - strict.dtd">
3    <html>
4      <head>
5        <title>内容溢出</title>
6        <style type = "text/css">
7        div{
8            height: 200px;
9            width: 300px;
10           border: 1px solid black;
11           background: orange;
12               overflow:scroll;
13       }
14       </style>
15     </head>
```

```
16      < body >
17        < div >
18          < h1 >一级标题</h1 >
19          < h2 >二级标题</h2 >
20          < h3 >三级标题</h3 >
21          < h4 >四级标题</h4 >
22          < h5 >五级标题</h5 >
23          < h6 >六级标题</h6 >
24        </div >
25      </body >
26  </html >
```

代码运行如图 7-3-10 所示。

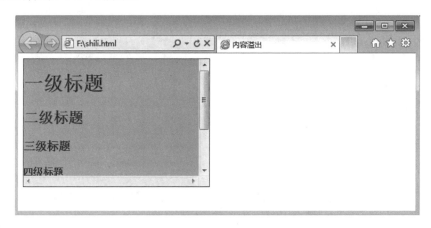

图 7-3-10　内容溢出示例

内容没有完全显示，因为设置了 overflow 属性，所以在< div >标签内出现了垂直滚动条。

7.4　元素的定位

利用 CSS 定位命令可以将一个元素精确地放在页面上我们所指定的地方。

7.4.1　CSS 定位的原理

把浏览器窗口想象成一个坐标系统，如图 7-4-1 所示。

CSS 定位的原理是：可以将任何盒子（box）放置在坐标系统的任何位置上。假设要放置一个标题。通过使用盒状模型，标题将显示如下：

Headline

如果要把这个标题放置在距文档顶部 100 像素、左边 200 像素的地方，可以在 CSS 中输入以下代码：

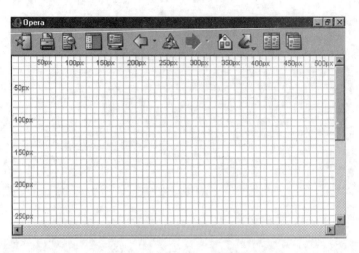

图 7-4-1　将浏览器看成坐标系统

```
1    h1 {
2        position:absolute;
3        top: 100px;
4        left: 200px;
5    }
```

得到的效果如图 7-4-2 所示。

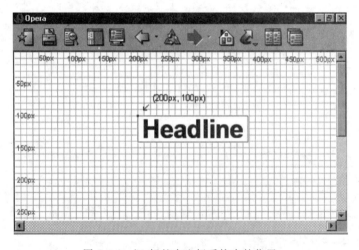

图 7-4-2　h1 标签在坐标系统中的位置

采用 CSS 定位技术来放置元素是非常精确的。相对于使用表格、透明图像或其他方法而言,CSS 定位要简单得多。

7.4.2　绝对定位

一个采用绝对定位的元素不获得任何空间。这意味着:该元素在被定位后不会留下空位。要对元素进行绝对定位,应将 position 属性的值设为 absolute。接着,可以通过 left、right、top 和 bottom 属性来设定将盒子放置在哪里。举个绝对定位的例子,假如要在文档

的 4 个角落各放置一个盒子,代码如下:

例 7-4-1　绝对定位示例

```
1   <!DOCTYPE html PUBLIC " - //W3C//DTD XHTML 1.0 Strict//EN"
2       "http://www.w3.org/TR/xhtml1/DTD/xhtml1 - strict.dtd">
3   <html>
4   <head>
5       <title>绝对定位</title>
6       <style type = "text/css">
7       #box1 {
8           position:absolute;
9           top: 50px;
10          left: 50px;
11          width:100px;
12          height:100px;
13          background - color:red;
14      }
15      #box2 {
16          position:absolute;
17          top: 50px;
18          right: 50px;
19          width:100px;
20          height:100px;
21          background - color:yellow;
22      }
23      #box3 {
24          position:absolute;
25          bottom: 50px;
26          right: 50px;
27          width:100px;
28          height:100px;
29          background - color:blue;
30      }
31      #box4 {
32          position:absolute;
33          bottom: 50px;
34          left: 50px;
35          width:100px;
36          height:100px;
37          background - color:pink;
38      }
39      #box5 {
40          position:absolute;
41          bottom: 80px;
42          left: 80px;
43          width:400px;
44          height:400px;
45          background - color:green;
46      }
```

```
47          </style>
48      </head>
49      <body>
50          <div id = "box1"></div>
51          <div id = "box2"></div>
52          <div id = "box3"></div>
53          <div id = "box4"></div>
54          <div id = "box5"></div>
55      </body>
56  </html>
```

代码运行如图 7-4-3 所示。

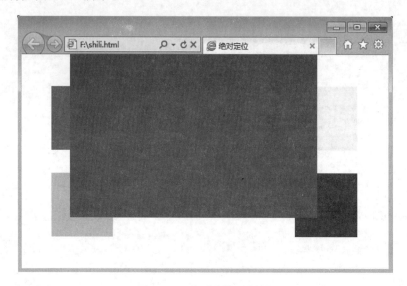

图 7-4-3　绝对定位示例图

　　为 position 属性赋值为 absolute 时,页面元素将被脱离出正常的文档流,进行绝对定位
而不考虑它周围内容的布局。必须指定 top、bottom、left、right 属性中的至少一个来为页面
元素提供坐标。

　　如果设置了绝对定位的页面元素的上级元素设置过 position 属性,则坐标系以直接上
级元素的左上角为坐标原点;如果上级元素没有设置过 position 属性,则坐标系以文档正
文区域的左上角为坐标原点。

7.4.3　相对定位

　　要对元素进行相对定位,应将 position 属性的值设为 relative。绝对定位与相对定位的
区别在于计算位置的方式。

　　采用相对定位的元素,其位置是相对于它在文档中的原始位置计算而来。这意味着,相
对定位是通过将元素从原来的位置向右、向左、向上或向下移动来定位。采用相对定位的元
素会获得相应的空间。

　　举个相对定位的例子,可以相对于 3 张图片在页面上的原始位置来对它们进行相对定

位。注意这些图片将在文档中各自的原始位置处留下空位。

例 7-4-2　相对定位示例

```
1   <!DOCTYPE html PUBLIC " - //W3C//DTD XHTML 1.0 Strict//EN"
2       "http://www.w3.org/TR/xhtml1/DTD/xhtml1 - strict.dtd">
3   <html>
4       <head>
5           <title>相对定位</title>
6           <style type = "text/css">
7               p{
8                   margin:0px;
9                   border:1px solid red;
10                  width:200px
11              }
12              #p1{
13                  position:relative;left:30px;
14              }
15              #p2{
16                  position:relative;top:20px;
17              }
18          </style>
19      </head>
20      <body>
21      <p id = "p1">第一个段落</p>
22      <p>第二个段落</p>
23      <p id = "p2">第三个段落</p>
24      </body>
25  </html>
```

代码运行如图 7-4-4 所示。

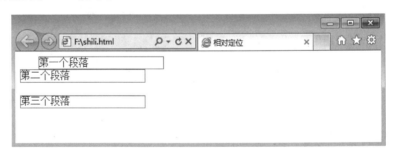

图 7-4-4　相对定位示例图

为 position 属性赋值 relative,页面元素仍将处于正常的文档流中,但会相对于自己在上级元素中的初始位置进行偏移,偏移量由 top、bottom、left、right 属性中的一个或两个值来确定。

7.4.4　固定定位

固定定位和绝对定位有相似之处,IE6 以上版本才支持这项属性,固定定位总是以当前的页面为基准进行偏移,与背景图片固定、内容滚动的效果一样。

例 7-4-3   固定定位示例

```
1    <!DOCTYPE html PUBLIC " - //W3C//DTD XHTML 1.0 Strict//EN"
2        "http://www.w3.org/TR/xhtml1/DTD/xhtml1 - strict.dtd">
3    <html>
4      <head>
5        <title>固定定位</title>
6        <style type = "text/css">
7        #div1{
8            background:green;
9            width:100px;
10           text - align:center;
11           position:fixed;
12           right:20px;
13           top:50px;
14        }
15       .div2{
16           width:560px;
17           background:blue;
18           text - indent:2em;
19        }
20       </style>
21     </head>
22     <body>
23       <div id = "div1">
24           <ul>
25           <li>111</li>
26           <li>222</li>
27           <li>333</li>
28           </ul>
29       </div>
30       <div class = "div2">
31       <p>一个段落一个段落一个段落一个段落一个段落一个段落一个段落</p>
32       <p>一个段落</p><p>一个段落</p><p>一个段落</p><p>一个段落</p>
33       </div>
34       <div class = "div2">
35       <p>一个段落一个段落一个段落一个段落一个段落一个段落</p>
36       <p>一个段落</p><p>一个段落</p><p>一个段落</p><p>一个段落</p>
37       </div>
38       <div class = "div2">
39       <p>一个段落一个段落一个段落一个段落一个段落一个段落</p>
40       <p>一个段落</p><p>一个段落</p><p>一个段落</p><p>一个段落</p>
41       </div>
42     </body>
43    </html>
```

代码运行如图 7-4-5 所示。

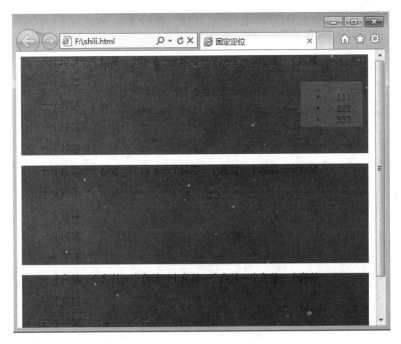

图 7-4-5　固定定位示例图

为 position 属性设置了 fixed 的页面元素，不随页面的滚动而移动。本例中，它始终都位于页面的右上角。

7.5　层次堆叠

CSS 可以处理高度、宽度、深度 3 个维度。在前面的课程中，已经了解了前两个维度。在本节中，将学习如何令不同元素具有层次。简言之，就是关于元素堆叠的次序问题。为此，可以为每个元素指定一个数字（z-index）。其原理是：数字较大的元素将叠加在数字较小的元素之上。

例如，我们正在打扑克，并且拿了一手同花大顺。我们可以通过为各张牌设定一个 z-index 的方式来表示这手牌，如图 7-5-1 所示。

在这个例子中，采用了 1～5 五个连续的数字来表示堆叠次序，但是也可以用 5 个不同的其他数字来取得同样的效果。这里的要点在于：用数字的大小次序反映希望的堆叠次序。z-index 属性及其取值描述如下所示。

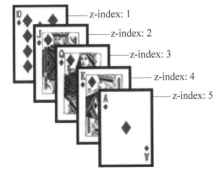

图 7-5-1　扑克牌的堆叠

属　　性	取　　值	描　　述
z-index	使用数字设定	数字越大越靠近浏览者。为负数时，作为页面正文背景显示

现在来实现上面的堆叠效果。

例 7-5-1　div 的堆叠

```
1   <!DOCTYPE html PUBLIC " - //W3C//DTD XHTML 1.0 Strict//EN"
2       "http://www.w3.org/TR/xhtml1/DTD/xhtml1 - strict.dtd">
3   <html>
4   <head>
5       <title>fixed</title>
6       <style type = "text/css">
7       #div1 {
8           position: absolute;
9           left: 100px;
10          bottom: 100px;
11          z - index: 1;
12          width:60px;
13          height:100px;
14          background - color:red;
15      }
16      #div2 {
17          position: absolute;
18          left: 115px;
19          bottom: 115px;
20          z - index: 2;
21          width:60px;
22          height:100px;
23          background - color:yellow;
24      }
25      #div3 {
26          position: absolute;
27          left: 130px;
28          bottom: 130px;
29          z - index: 3;
30          width:60px;
31          height:100px;
32          background - color:blue;
33      }
34      </style>
35      </head>
36      <body>
37          <div id = "div1"></div>
38          <div id = "div2"></div>
39          <div id = "div3"></div>
40      </body>
41  </html>
```

代码运行如图 7-5-2 所示。

说明：

z-index 属性设置元素的堆叠顺序。拥有更高堆叠顺序的元素总是会处于堆叠顺序较低的元素的前面。

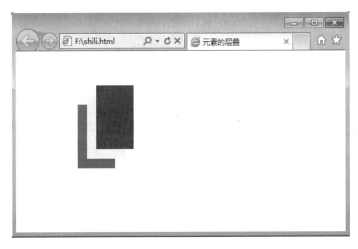

图 7-5-2　div 的堆叠

元素可拥有负的 z-index 属性值,为负值的时候作为页面正文背景显示。

z-index 仅能在定位元素上奏效(例如 position:absolute;)。

总结

➢ 为了方便进行样式表的验证,可以直接在网页上进行验证。

➢ XHTML 表现方式与超文本标记语言(HTML)类似,不过语法上更加严格。

➢ 页面上一个元素即是一个盒子,由内容、间隙、边框和边距组成。

➢ margin 属性用来描述元素的外边距,border 属性用来描述元素的边框,而 padding 属性则是描述元素的内容与边框之间的间隙。

➢ 描述元素内容的尺寸时,需要使用 width 和 height 属性。

➢ position 属性可以用来描述元素的定位方式,默认为 static,其他定位的方式还有 absolute(绝对定位)、relative(相对定位)和 fixed(固定定位)。

➢ 多个元素的层叠关系可以用 z-index 属性来描述。

课后作业

(1) 在网页中显示 3 个 div 层叠显示,对应的背景色分别为红、绿、蓝,如下图所示。

（2）在网页中实现圆角矩形的样式，如下图所示。

提示：

圆角矩形样式可以使用图片来实现，分为有圆角图片和无圆角图片，其设计的原理源于九宫格技术。分别在 4 个 DIV 中的左上、右上、左下和右下 4 个位置设置图片。最后在中间放入内容即可。

（3）在浏览网页时，看到有很多图片展示效果。通常在一张图片下面有一段说明文字，这是对这张图片内容的详细介绍。这种形式在购物网站是非常多见的，使用 CSS 样式实现购物网物品展示效果，如下图所示。

提示：

可以使用无序列表来显示图片和文字内容。其中每一个元素都由 3 个内容组成：图片、标题文字和两种价格。我们将三者都放入<a>标签中，当鼠标移上去时，均可以单击，而把<a>元素置入<li>标签中即可。

第8章

CSS实现典型布局

通过前面几章的介绍,已经可以使用 CSS 做出一些漂亮的网页了,现在还要补充一点知识,然后实现一些 CSS 的典型布局。

8.1　浮动

在传统的表格布局中,我们对表格应用对齐方式实现了对整体布局的应用,而运用 Web 标准构建网页以后,float(浮动)属性是布局中非常重要的属性,我们常常通过对 div 元素应用 float(浮动)来进行布局,不但对整个版式进行规划,也可以对一些基本元素如导航等进行排列。

＜div＞属于块级标签,具有"换行的特点",如以下代码:

```
1    <!DOCTYPE html PUBLIC " - //W3C//DTD XHTML 1.0 Strict//EN"
2        "http://www.w3.org/TR/xhtml1/DTD/xhtml1 - strict.dtd">
3    <html>
4        <head>
5            <title>未使用浮动的 DIV</title>
```

```
6              <style type = "text/css">
7                  # div1{
8                      background - color:red;
9                      width:150px;
10                     height:60px;
11                 }
12                 # div2{
13                     background - color:yellow;
14                     width:200px;
15                     height:100px;
16                 }
17                 # div3{
18                     background - color:blue;
19                     width:180px;
20                     height:100px;
21                 }
22                 # div4{
23                     background - color:pink;
24                     width:250px;
25                     height:50px;
26                 }
27             </style>
28         </head>
29
30         <body>
31             <div id = "div1"></div>
32             <div id = "div2"></div>
33             <div id = "div3"></div>
34             <div id = "div4"></div>
35         </body>
36     </html>
```

代码运行如图 8-1-1 所示。

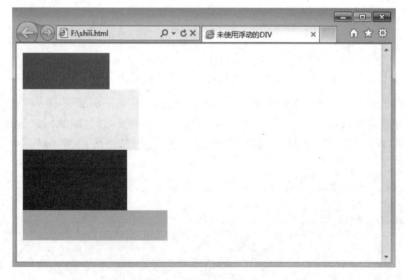

图 8-1-1　未使用浮动的 div 会自动换行

现在改变一下代码,给第二个和第三个< div >设置向右浮动,下面是< style >内的样式代码。

例 8-1-1　使用浮动后的效果

```
1   < style type = "text/css">
2           #div1{
3                   background - color:red;
4                   width:150px;
5                   height:60px;
6           }
7           #div2{
8                   background - color:yellow;
9                   width:200px;
10                  height:100px;
11                  float:right;
12          }
13          #div3{
14                  background - color:blue;
15                  width:180px;
16                  height:100px;
17                  float:right;
18          }
19          #div4{
20                  background - color:pink;
21                  width:250px;
22                  height:50px;
23          }
24  </style>
```

再次运行后,效果如图 8-1-2 所示。

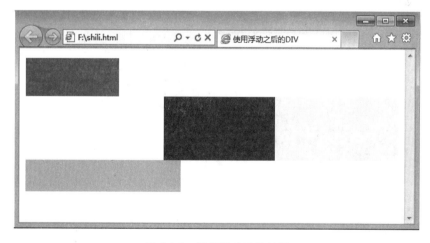

图 8-1-2　使用浮动后的效果

　　页面布局时,对于各块的位置不需要额外设置,即不需要通过设置各块的横向或纵向坐标来确定各块的位置,原因是 Web 页面默认采用常规文档流的方式自动排列各元素,即根据各元素在 HTML 文档中出现的先后顺序,采用从上往下、从左往右的方式自动排列;对于块级元素则换行。对于行级元素,按行逐一显示,这种定位机制的好处是:Web 页面的内容将跟随浏览器窗口的大小自动调节。

　　现在来介绍一下浮动的一些基本特点。

　　1. 块级元素设置浮动后将失去"独占一行"的特征

　　如上个例子所示,第二个和第三个< div >设置了浮动之后,失去了"独占一行"的特征,然后脱离常规文档流向右移动,第二块直到父容器即页面窗口才停止,第三块直到前一个浮动元素才停止。

　　为什么第二块没有上浮到第一块的右侧呢? 这是因为:假定 A 元素设置了浮动,则根据它的前一个元素是否也设置了浮动分为两种情况:

　　➢ 如果前一个元素也设置了浮动而脱离了文档流,那么 A 元素将上浮到前一个元素同一行的后侧(靠近页面的边界为前,远离页面的边界为后。对于向左浮动,就是位于前一个元素的右边;对于向右浮动,就是位于前一个元素的左边。)

　　➢ 如果前一个元素没有设置浮动仍然位于文档流中,那么 A 元素将在前一个元素的下方显示(A 元素的顶边界与前一个元素的底边界平齐)。

　　2. 浮动元素将紧贴上一个浮动元素(同方向)或父元素边框,如果宽度不够则换行

　　现在缩小浏览器的宽度,还将发现第三个< div >被挤到第二个< div >的下面,如图 8-1-3 所示。这是因为第二个< div >左边的宽度不够容纳第三个< div >,所以进行了换行显示。

图 8-1-3　宽度不够自动换行

　　3. 浮动元素将占据行内元素的空间

　　现在再来做一个实验,在第三个< div >和第四个< div >之间加入一些文本内容,对应代码如下:

```
1    < div id = "div3"></div>
2    CSS 样式之元素浮动 CSS 样式之元素浮动 CSS 样式之元素浮动 CSS 样式之元素浮动 CSS 样式之
3    元素浮动 CSS 样式之元素浮动 CSS 样式之元素浮动 CSS 样式之元素浮动 CSS 样式之元素浮动
4    CSS 样式之元素浮动
5    < div id = "div4"></div>
6
```

然后重新运行代码,效果如图 8-1-4 所示。

图 8-1-4　浮动元素占据行内元素空间

浮动元素变为特殊的行内元素之后,将占据行内元素的空间,行内元素只能在剩余空间进行排列显示,所以出现了"文本围绕"效果。

8.2　清除浮动

如图 8-1-3 所示,浮动元素将根据浏览器窗口剩余的宽度,决定是否换行。在实际的页面布局应用中,有时需要强制换行显示,避免影响页面效果,这时就需要使用 clear(清除)属性。

clear(清除)属性表示和前一个浮动元素换行区隔开,只对块级元素有效。clear 属性的值可以是 left、right、both 或 none。原则是这样的:如果一个盒子的 clear 属性被设为 both,那么该盒子的上边距将始终处于前面的浮动盒子(如果存在)的下边距之下。常用的属性如表 8-2-1 所示。

表 8-2-1　chear 属性的常用取值

属　　性	取　　值	描　　述
clear	left	在左侧不允许有浮动元素
	right	在右侧不允许有浮动元素
	both	在左右两侧都不允许有浮动元素
	none	默认值,两侧都允许有浮动元素

　　如上面例子所示,假设出于某种需要,我们希望第二块< div >仍然出现在第一块< div >的下方,就像第一块没有设置浮动,而仅仅为第二块设置左浮动那样。

　　这个需求实际上可以这样描述:对于第二块< div >而言,它的左侧不需要存在其他的浮动元素。

例 8-2-1　清除向左浮动

```
1    <! DOCTYPE html PUBLIC " - //W3C//DTD XHTML 1.0 Strict//EN"
2        "http://www.w3.org/TR/xhtml1/DTD/xhtml1 - strict.dtd">
3    < html >
4        < head >
5            <title>清除浮动</title>
6            < style type = "text/css">
7                ♯div1{
8                    background - color:red;
9                    width:150px;
10                   height:60px;
11                   float:left;
12               }
13               ♯div2{
14                   background - color:yellow;
15                   width:200px;
16                   height:100px;
17                   float:left;
18                   clear:left;
19               }
20           </style >
21       </head >
22       < body >
23           < div id = "div1"></div >
24           < div id = "div2"></div >
25       </body >
26   </html >
```

　　代码运行如图 8-2-1 所示。

　　在第二块< div >上设置了清除左侧浮动,也就是说它的左侧不能存在着浮动元素,这样导致它自己换行显示以满足这一规则。

　　以下代码演示了清除右侧浮动的场景。

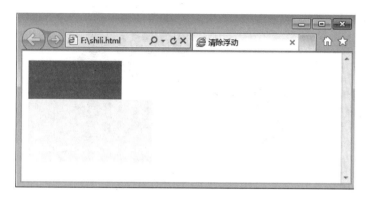

图 8-2-1 清除向左浮动

例 8-2-2 清除向右浮动

```
1    <!DOCTYPE html PUBLIC " - //W3C//DTD XHTML 1.0 Strict//EN"
2        "http://www.w3.org/TR/xhtml1/DTD/xhtml1 - strict.dtd">
3    <html>
4        <head>
5            <title>清除向右浮动</title>
6            <style type = "text/css">
7                #div1{
8                    background - color:red;
9                    width:180px;
10                   height:80px;
11                   float:right;
12                }
13               #div2{
14                   background - color:yellow;
15                   width:220px;
16                   height:50px;
17                   float:right;
18                   clear:right;
19                }
20               #div3{
21                   background - color:blue;
22                   width:180px;
23                   height:100px;
24                   float:right;
25                }
26           </style>
27       </head>
28       <body>
29           <div id = "div1">第一块</div>
30           <div id = "div2">第二块</div>
31               <div id = "div3">第三块</div>
32       </body>
33   </html>
```

代码运行如图 8-2-2 所示。

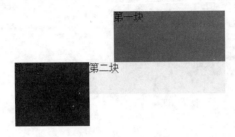

图 8-2-2　清除向右浮动

由于第二块<div>清除了向右浮动,也就是说它的右侧不能有浮动元素,所以它自己不得不主动换行来满足这一规则。

8.3　实现典型布局

到目前为止,CSS 方面我们已经学习了样式的基本语法、常用的 CSS 页面修饰、三类样式的应用方式及优先级、盒状模型、浮动,等等。通过对这些技能的综合应用,我们可以实现页面的整体布局,类似于报纸的排版。下面先介绍这些版面的整体规划。

8.3.1　一列式布局

一列式布局是最简单的布局方式,是所有布局的基础。如下面代码所示,网页正文只直接包含一个<div>,网页的内容都放入这个 div 之内。

```
1  <!DOCTYPE html PUBLIC " - //W3C//DTD XHTML 1.0 Strict//EN"
2      "http://www.w3.org/TR/xhtml1/DTD/xhtml1 - strict.dtd">
3  <html>
4   <head>
5    <title>一列式布局</title>
6    <style type = "text/css">
7     div{
8         border:1px solid red;
9         width:500px;
10        height:200px;
11     }
12   </style>
13  </head>
14  <body>
15     <div></div>
16  </body>
17  </html>
```

代码中,对于 border、height 的属性不是必须的,设置这两个属性是为了方便观察结果。实际上,如果不设置 width(宽度)属性,div 作为块级元素将占满整行的空间,即宽度是它所

在容器宽度的100％,我们也可以设置宽度属性为百分比,此时再改变浏览器窗口的宽度,
div的宽度也会随之改变。

如果要让整个div在屏幕水平居中,则需要用到margin属性,代码如下:

例8-3-1　一列式布局

```
1    <!DOCTYPE html PUBLIC "2 - //W3C//DTD XHTML 1.0 Strict//EN"
2        "http://www.w3.0org/TR/xhtml1/DTD/xhtml1 - strict.dtd">
3    <html>
4     <head>
5      <title>一列式布局</title>
6      <style type = "text/css">
7        div{
8            border:1px solid red;
9            width:500px;
10           height:200px;
11           margin:0px auto;
12       }
13     </style>
14    </head>
15    <body>
16      <div></div>
17    </body>
18   </html>
```

代码运行如图8-3-1所示。

图8-3-1　一列式布局

8.3.2　两列式布局

两列式布局适用于左侧导航区、右侧内容区的页面结构。

按照需求,页面内容包含两个<div>,由于div是块级元素,每个块级元素独占一行,所
以两个div是从上到下依次显示,使用浮动可以使元素脱离文档流,从而形成左右排列。在
实际应用的两栏布局中,一般要求左栏固定宽度,右栏宽度是根据浏览器窗口的宽度自适
应。只要将左栏的宽度设置为固定的像素值,右栏不设置宽度,也不浮动,即可实现,代码
如下:

```
1    <! DOCTYPE html PUBLIC " - //W3C//DTD XHTML 1.0 Strict//EN"
2        "http://www.w3.org/TR/xhtml1/DTD/xhtml1 - strict.dtd">
3    < html >
4     < head >
5      <title>两列式布局</title>
6      < style type = "text/css">
7        #div1{
8            border:1px solid red;
9            width:200px;
10           height:200px;
11           float:left;
12       }
13       #div2{
14           border:1px solid red;
15           height:200px;
16       }
17     </style>
18    </head>
19    < body >
20       < div id = "div1"></div >
21       < div id = "div2"></div >
22    </body>
23   </html>
```

代码运行效果如图 8-3-2 所示。

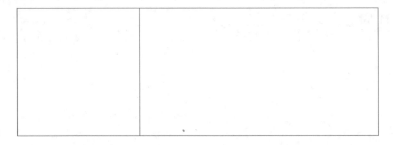

图 8-3-2　两列式布局

　　当改变浏览器窗口的宽度时,左栏宽度保持不变,右栏的宽度随之一起变化。但有时候,我们希望网页分为左栏和右栏这两列,而且是固定的宽度,但它们作为一个整体在浏览器窗口中水平居中,左右两侧留有一定宽度的空白。

　　这时候可以结合之前的一列式布局来进行设计:在这两个< div >的外围再包裹一个< div >,由后者负责实现在浏览器窗口的水平居中,而里面的两个 div 仍然使用目前的做法来进行分栏,修改之后的代码如下所示:

```
1    <! DOCTYPE html PUBLIC " - //W3C//DTD XHTML 1.0 Strict//EN"
2        "http://www.w3.org/TR/xhtml1/DTD/xhtml1 - strict.dtd">
3    < html >
4     < head >
```

```
5        <title>两列式布局</title>
6        <style type = "text/css">
7          #divlayout{
8              border:1px dashed blue;
9              width:500px;
10             margin:0px auto;
11         }
12         #div1{
13             border:1px solid red;
14             width:200px;
15             height:200px;
16             float:left;
17         }
18         #div2{
19             border:1px solid red;
20             height:200px;
21         }
22       </style>
23     </head>
24     <body>
25       <div id = "divlayout">
26           <div id = "div1"></div>
27          <div id = "div2"></div>
28       </div>
29     </body>
30   </html>
```

代码运行如图 8-3-4 所示。

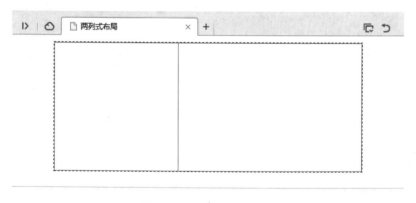

图 8-3-4　分栏且居中显示

8.3.3　三列式布局

更为常见的是三列式布局,具体而言就是整个页面分为左中右 3 栏。

按之前的案例的做法是使用浮动将 3 个 div 排成一行,若这样的话,就必须为中间的第二块 div 设置一个明确的宽度,否则不能进行自适应宽度调整,但我们可以考虑其他的方案。

　　回顾之前学过的定位属性,可以使用定位加浮动来解决这个问题。如果 position 属性赋值为 absolute,将实现绝对定位。绝对定位的元素将从文档流中脱离出来,漂浮在文档正文的上方,就像图层一样。按照这个思路,首先设置最外层的 div 容器使用绝对定位,再修改里面小块 div 样式,设置它们也使用绝对定位,一个在左边,一个在右边,具体代码如下所示:

```
1   <!DOCTYPE html PUBLIC " - //W3C//DTD XHTML 1.0 Strict//EN"
2       "http://www.w3.org/TR/xhtml1/DTD/xhtml1 - strict.dtd">
3   <html>
4    <head>
5     <title>三列式布局</title>
6     <style type = "text/css">
7           #divlayout{
8               position:absolute;
9               border:1px dashed blue;
10      width:99 % ;
11          }
12          #div1,#div2,#contentdiv{
13              border:1px solid red;
14              height:200px;
15          }
16          #div1{
17              position:absolute;
18              width:150px;
19              float:left;
20              left:10px;top:0px;
21          }
22          #div2{
23              position:absolute;
24              width:150px;
25              float:right;
26              right:10px;top:0px;
27          }
28      </style>
29    </head>
30    <body>
31       <div id = "divlayout">
32          <div id = "div1">div1 </div>
33          <div id = "contentdiv">content </div>
34          <div id = "div2">div2 </div>
35      </div>
36    </body>
37   </html>
```

　　代码运行如图 8-3-5 所示。
　　到此已经实现了左右两栏的定位,但是中间的 contentdiv 的宽度还是撑满了整个父容器,即 divlayout,不符合我们的要求。我们的目标是要让中间的 contentdiv 宽度能够自适应,所以也不能够直接给它设置宽度。这时换一种思路,只要把它的左边界和右边界固定下

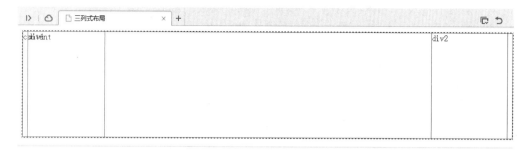

图 8-3-5　浮动加定位

来,即固定中间的 contentdiv 的左右两个角,改变浏览器窗口大小,就能对 contentdiv 进行拉伸了。

所以要给 contentdiv 设置它的左右边距,添加的 CSS 代码如下所示:

```
1    #contentdiv{
2        margin-left:165px;
3        margin-right:165px;
4    }
```

重新运行后,结果如图 8-3-6 所示。

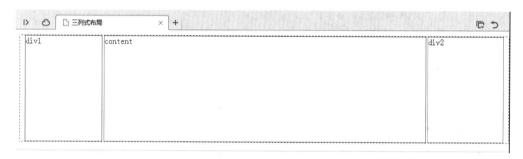

图 8-3-6　浮动、定位加边距

8.3.4　三行三列式布局

结合上面的内容,可以实现更为复杂的三行三列式布局。在第二行中实现上面的三列式布局,先写 HTML 中的代码,请注意各个 div 容器之间的嵌套关系,代码如下:

```
1    <div id="divLayout">
2    <div id="divTop">divTop</div>
3    <div id="divMain">
4        <div id="divLeft"></div>
5        <div id="divCenter"></div>
6        <div id="divRight"></div>
7    </div>
8    <div id="divBottom">divBottom</div>
9    </div>
```

为了避免内外边距、字体大小等属性在不同浏览器之间的默认值不同带来的困扰,先使用 * 号通配符选择器重新定义所有的 HTML 标签的外边距、内边距和字号。

```
1   * {
2   margin:0px;
3   padding:0px;
4   font - size:1em;
5   }
```

现在为各个 div 块设置背景色、边框和宽度等属性。代码如下:

```
1   #divLayout{
2       background - color:#efefef;
3       border:1px solid gray;
4       width:960px;
5   }
6   #divTop{
7       background - color:#ECD782;
8       width:100%
9   }
10  #divMain{
11      background - color:white;
12  }
13  #divLeft{
14      width:220px;
15      background - color:red;
16  }
17  #divCenter{
18      width:520px;
19      background - color:green;
20  }
21  #divRight{
22      width:200px;
23      background - color:blue;
24  }
25  #divBottom{
26      background - color:#abcdef;
27      width:100%
28  }
```

代码运行如图 8-3-7 所示。

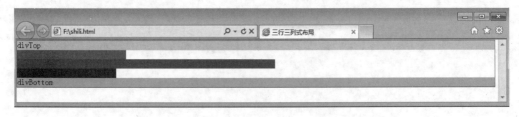

图 8-3-7　设置基本属性(边框、背景色、宽度)

现在为第二行的三个 div 设置向左浮动。

```
1   #divLeft{
2       width:220px;
3       background-color:red;
4       float:left;
5   }
6   #divCenter{
7       width:520px;
8       background-color:green;
9       float:left;
10  }
11  #divRight{
12      width:200px;
13      background-color:blue;
14      float:left;
15  }
```

此时代码运行结果如图 8-3-8 所示。

图 8-3-8　设置向左浮动

注意到 divMain 包含的 3 个 div 总宽度并不足以撑满父容器的宽度,这是因为我们打算在 3 个 div 之间留一点空隙。修改 divCenter 的边距即可,代码如下:

```
1   #divCenter{
2       width:520px;
3       background-color:green;
4       float:left;
5       margin:0px 9px;
6   }
```

最后给这些 div 设置高度模拟最终效果,完整代码如下:

```
1   <!DOCTYPE html PUBLIC "-//W3C//DTD XHTML 1.0 Strict//EN"
2       "http://www.w3.org/TR/xhtml1/DTD/xhtml1-strict.dtd">
3   <html>
4   <head>
5     <title>三列式布局</title>
6     <style type="text/css">
7       *{
8           margin:0px;
```

```
9            padding:0px;
10           font-size:1em;
11        }
12     #divLayout{
13           background-color:#efefef;
14           border:1px solid gray;
15           width:960px;
16           margin:0px auto;
17        }
18     #divTop{
19           background-color:#ECD782;
20           width:100%;
21           height:50px;
22        }
23     #divMain{
24           background-color:white;
25           height:350px;
26        }
27     #divLeft{
28           width:220px;
29           background-color:red;
30           float:left;
31           height:100%;
32        }
33     #divCenter{
34           width:520px;
35           background-color:green;
36           float:left;
37           margin:0px 9px;
38           height:100%;
39        }
40     #divRight{
41           width:200px;
42           background-color:blue;
43           float:left;
44           height:100%;
45        }
46     #divBottom{
47           background-color:#abcdef;
48           width:100%;
49           height:80px;
50        }
51   </style>
52   </head>
53   <body>
54      <div id="divLayout">
55         <div id="divTop">divTop</div>
56         <div id="divMain">
57            <div id="divLeft"></div>
58            <div id="divCenter"></div>
```

```
59                    < div id = "divRight"></div>
60             </div>
61             < div id = "divBottom">divBottom</div>
62        </div>
63   </body>
64   </html>
```

代码运行结果如图 8-3-9 所示。

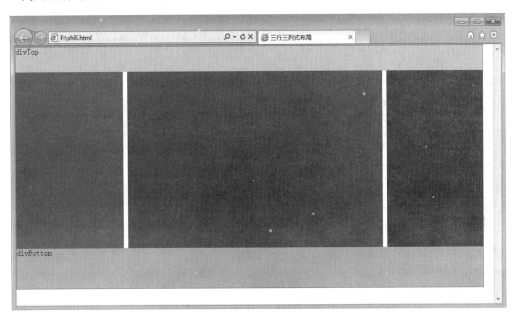

图 8-3-9 设置边距和高度

8.4 典型的局部布局

目前已经完成了版面的整体规划,但是各板块内部的具体结构,特别是对于某些复杂的版块还需进一步规划,即局部布局,下面将介绍如何使用 DIV+CSS 实现页面的局部布局。

8.4.1 div-ul-li 局部布局

例如,假设要实现图 8-4-1 这种局部效果:

图 8-4-1 div-ul-li 实现顶部菜单

先对 HTML 内容结构进行分析:

多项菜单并列显示,且不存在父子或包含关系,从语义角度应采用 div-ul-li 实现。

图标和文字要求有一定的间隔,图标仅为修饰作用,从语义角度应将图标作为背景修饰而不是内容,另外,文字和图标各占一个< li >(图标的< li >内容为空),方便设置间隔。

对 CSS 样式修饰分析如下:

(1) 多个小图标,使用背景图的偏移技术,如图 8-4-2 所示。

(2) 浮动,整体居右,则< div >容器右浮动,图标及菜单文字左浮动。

图 8-4-2　小图的集合-背景偏移

(3) 调整宽高及边框属性实现实际效果。

首先编写 HTML 代码,建立标签组织结构,为各标签增加类名以区分。

```
1    < div class = "top_menu">
2            < ul >
3                    < li class = "pic1"></li>< li class = "text">购物车</li>
4                    < li class = "pic2"></li>< li class = "text">帮助中心</li>
5                    < li class = "pic3"></li>< li class = "text">加入收藏</li>
6                    < li class = "pic4"></li>< li class = "text">设为首页</li>
7                    < li class = "btn">登录</li>
8                    < li class = "btn">注册</li>
9            </ul>
10   </div>
```

现在来设置 CSS 样式,给文字加上< a >标签在这里就不再介绍了。先让< li >向左浮动,并取消列表样式。

```
1    .top_menu{float:right;}
2    .top_menu ul{list - style:none;}
3    .top_menu ul li{float:left}
```

然后设置布局各块大小,统一高度为 26 像素,小图标宽为 28 像素,登录注册宽度为 38 像素。

```
1    .pic1{width:28px; height:26px;
2        background:url(images/bg.gif) no - repeat;
3    }
4    .pic2{width:28px; height:26px;
5        background:url(images/bg.gif) no - repeat - 28px 0px;
6    }
7    /* pic3 和 pic4 省略 */
8    .btn{width:38px; height:26px;
9        background:url(images/bg.gif) no - repeat 0px - 26px;
10   }
```

使用背景偏移之后,来设置文字大小及菜单文字间填充。

```
1    .top_menu ul li a{font:12px/26px 宋体}
2    .text{
3            padding:0px 5px;
4        text - align:center;
```

```
5    }
6    .btn{
7            padding:0px 5px;
8        text - align:center;
9    }
```

在以上代码中,背景偏移的部分里有很多相似的样式代码,除了偏移量外,其他完全一致。可以把这些共同特征单独提取出来作为一个类,例如 pic,然后再具体设置其他图标的独特样式,这样可以提高代码的复用性并方便维护。

对应的 CSS 代码修改为:

```
1    .pic{
2            width:28px;
3        height:26px;
4        background:url(images/bg.gif) no - repeat;
5    }
6    .pic2{
7            background - position: - 28px 0px;
8    }
9    .pic3{
            background - position: - 84px 0px;
     }
     .pic4{
            background - position: - 112px 0px;
     }
```

在 HTML 代码中应用样式时,需要同时应用到两种类样式,对应的 HTML 代码修改为:

```
1    < li class = "pic pic1"></li>
2    < li class = "pic pic2"></li>
3    < li class = "pic pic3"></li>
4    < li class = "pic pic4"></li>
```

在 div-ul-li 的结构中,<ul>存在默认左右外边距,<li>标签当 list-style 属性有值时存在默认的缩进。应在布局前在 CSS 顶端先设置内外边距为 0 像素,以及 list-style:none,这点在布局中非常重要,有利于写出同时兼容多种浏览器的样式代码,而不需要针对某个浏览器进行修改。

8.4.2　div-dl-dt-dd 局部布局

典型的局部布局还有网上常见的图文混编结构,如图 8-4-3 所示,图片和文字显然存在父子或包含关系,文字是对商品图片的具体说明,即可以把图片看作"标题",将后续的多行文字看成"具体的描述"。因此,采用 div-dl-dt-dd 结构进行描述,类似的结构还有多层次嵌套的二级或三级菜单等。

图 8-4-3　div-dl-dt-dd 实现图文混编

思路分析:

(1) 本例的图文混编结构,图片和文字关系密切,采用 div-dl-dt-dd 结构描述。

(2) 每行的图文结构都对应一个 dl-dt-dd 结构,易于扩展。

(3) 根据图片和文字的关系,本例\<dt>放图片,\<dd>放文字,\<dl>作为结构容器。

对 CSS 样式修饰分析如下:

(1) 浮动:\<dd>内的文字和\<dt>内的图片排列在同一行,所以应设置\<dt>左浮动。

(2) 调整\<dd>宽高与行高实现文字垂直居中,用盒子属性修饰出实际效果。

首先还是编写 HTML 代码,代码如下:

```
1   <div id="right">
2       <dl>
3           <dt><img src="images/show1.jpg" alt="alt" /></dt>
4           <dd><a href="#">大牌狂降价,三折直送</a></dd>
5       </dl>
6       <dl>
7           <dt><img src="images/show2.jpg" alt="alt" /></dt>
8           <dd><a href="#">大学要求老师开网店</a></dd>
9       </dl>
10      <dl>
11          <dt><img src="images/show3.jpg" alt="alt" /></dt>
12          <dd><a href="#">黑眼圈推荐,美白不停</a></dd>
13      </dl>
14      <dl>
15          <dt><img src="images/show4.jpg" alt="alt" /></dt>
16          <dd><a href="#">瘦身狂潮风,修形之选</a></dd>
17      </dl>
18  </div>
```

现在开始编写 CSS 样式,规划\<div>块的宽高以及\<dt>的浮动,并且设置\<dt>的高度和\<dd>的行高一致,以实现单行文字的垂直居中。

```
1   #right{
2       width:250px;
3       height:270px;
4       padding-top:32px;
5   }
6   #right dl dt{
7       float:left;
8       width:80px;
9       height:60px;
10  }
11  #right dl dd{
12      width:190px;
```

```
13        line-height:60px;
14    }
```

设置好浮动、宽高和垂直居中后，再为左边图片设置宽高和修饰边框，图片水平及垂直居中，还有文字垂直居中。

```
1     #right dl dt{
2          text-align:center;
3          padding:2px 0px;
4     }
5     #right dl dt img{
6          width:60px;
7          height:47px;
8          border:1px solid #9ea0a2;
9          vertical-align:middle;
10    }
```

在 div-dl-dt-dd 结构中，<dl>存在默认上下外边距，<dd>标签存在默认的左外边距。应在布局前在 CSS 顶端先设置 dl,dd{margin:0px,padding 0px;}，有利于写出同时兼容多种浏览器的样式代码，而不需要针对某个浏览器进行修改。

通过前面示例的学习，用到了各种 CSS 选择器相关的常用符号，如"."为类名标识符，"#"表示 ID 标识符等。多选择器的常用符号及组合如表 8-4-1 所示。

表 8-4-1　多选择器的常用符号及组合

符号	中文	示例	描述
	空格	div ul{list-style:none;}	<div>内的<ul>样式
,	逗号	div,ul{text-align:center}	<div>和<ul>采用相同样式
#	id 标识符	#divTop{width:200px;}	id 为 divTop 的元素样式
.	类标识符	.pic{background:url(bg.gif);}	类名为 pic 的元素样式
:	冒号	a:hover{#ff0}	<a>标签的 hover 伪类样式
li.	标签+类	li.pic{height:30px;}	类名为 pic 的<li>标签样式
div #	标签+id	div#nav{text-align:center}	id 为 nav 的<div>标签样式
#.	id+空格+类	#nav.pic{border:1px;}	id 为 nav 元素内的 pic 类样式
#.,	id+空格+类+逗号	#nav.pic,#nav.text{width:40px}	id 为 nav 元素内的 pic 和 text 类都采用相同样式

总结

➤ 浮动的元素将脱离文档流，停靠在前一个元素的侧方，float 属性常用的 3 个取值为 left、right、none。

> 使用 clear 属性可以设置元素是否清除浮动,常用的 3 个取值为 left、right、none。
> 典型布局中,使用 margin、position 等属性可以实现元素的精准定位。合理地使用百分比来设置宽度,可以使元素自动适应容器的宽度。
> 典型的局部布局有 div-ul-li 局部布局和 div-dl-dt-dd 局部布局,经常会用到 background 里面的偏移技术。

课后习题

(1) 在 HTML 中显示带有蓝色实线边框的两个层,让两个层在同一列,如下图所示。

(2) 在 HTML 中使用层进行布局,嵌套使用无序列表,显示行业资讯。如下图所示。

· 这就是iPhone 8的概念设计?让
· 电商装机常见7大陷阱揭秘
· 魅族全新系列手机曝光

· 华为P9或4月6日伦敦亮相
· 好惊叹!乐2 Pro配置全曝光
· vivo Xplay5分屏双开体验

(3) 使用 DIV+CSS 布局,完成下图布局。

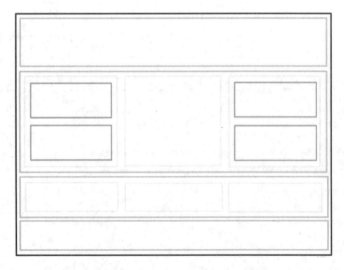

(4) 模拟完成下图所示网页,当单击"数码/汽车"时,下面对应地显示数码汽车新闻,当单击"手机"时,下面对应地显示手机类新闻。

第9章

使用Dreamweaver制作网页

➢ 熟悉网页制作工具 Dreamweaver 工作界面
➢ 掌握在 Dreamweaver 中如何进行站点管理
➢ 掌握在 Dreamweaver 中如何创建和操作各种网页元素
➢ 掌握在 Dreamweaver 中如何操作表格和列表
➢ 掌握在 Dreamweaver 中如何操作表单和表单元素

请在预习时学会下列单词的含义和发音,并填写在横线处。

1. Dreamweaver: _____

2. Adobe: _____

9.1　Dreamweaver 简介

Adobe Dreamweaver,简称 DW,中文名称"梦想编织者",是美国 Macromedia 公司开发的集网页制作和管理网站于一身的所见即所得网页编辑器,DW 是第一套针对专业网页设计师特别发展的视觉化网页开发工具,利用它可以轻而易举地制作出跨越平台限制和跨越浏览器限制的充满动感的网页。Adobe 公司收购 Macromedia 公司后,继续开展 Dreamweaver 的升级,目前它的主要版本为 CS4、CS5、CS5.5、CS6 等版本。本书以 Adobe Dreamweaver CS4 版本介绍 Dreamweaver。

9.1.1　DreamWeaver CS4 的功能和特点

Adobe Dreamweaver CS4 是一款专业的 HTML 编辑软件,用于对 Web 站点、Web 网页和 Web 应用程序的设计、编码和开发。无论是喜欢直接编写 HTML 代码还是偏爱在可视化编辑环境中工作,Dreamweaver 都会提供众多工具,丰富用户的 Web 创作体验。

利用 Dreamweaver 中的可视化编辑功能,可以快速地创建页面而无须编写任何代码。不过,如果您更喜欢用手工直接编码,Dreamweaver 还包括许多与编码相关的工具和功能。并且,借助 Dreamweaver,还可以使用服务器语言(例如 ASP、ASP. NET、JSP 和 PHP)生成支持动态数据库的 Web 应用程序。

9.1.2 Dreamweaver CS4 的工作界面

Dreamweaver CS4 的工作界面与 Dreamweaver 以前版本有所差别,主要由菜单栏、文档工具栏、编辑区、状态栏、属性检查器、面板组等部分组成,而插入栏则整合在面板组中,如图 9-1-1 所示。

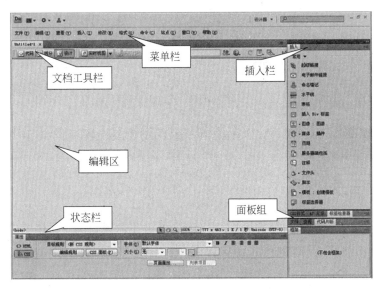

图 9-1-1 工作界面

1. 菜单栏

菜单栏主要包括"文件""编辑""查看""插入""修改""格式""命令""站点""窗口""帮助"等菜单。单击菜单栏中的命令,在弹出的下拉菜单中选择要执行的命令,如图 9-1-2 所示。

2. 插入栏

"插入"工具栏在之前的版本均在菜单栏下方,CS4 版本将其整合在右部面板组中,使用起来更为灵活方便,插入栏按以下的类别进行组织:

"常用"类别可以创建和插入最常用的对象,例如图像和 Flash 等。

"布局"类别主要用于网页布局,可以插入表格、div 标签、层和框架。

"表单"类别包含用于创建表单和插入表单元素的按钮。

"数据"类别可以插入 Spry 数据对象和其他动态元素,例如记录集、重复区域、显示区域以及插入记录和更新记录等。

"Spry"类别包含一些用于构建 Spry 页面的按钮,例如 Spry 文本域、Spry 菜单栏等。

"文本"类别可以插入各种文本格式设置标签和列表格式设置标签。

"收藏夹"类别可以将插入栏中最常用的按钮分组和组织到某一常用位置。

3. 文档工具栏

文档工具栏中包含一些按钮可以在文档的不同视图间快速切换,例如:"代码"视图、

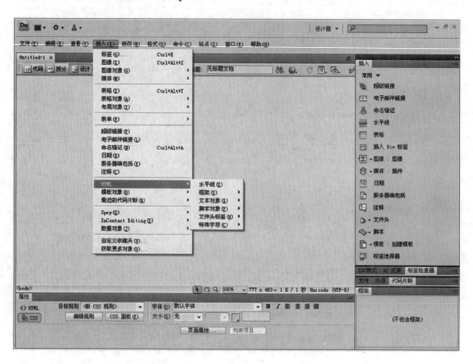

图 9-1-2　菜单栏中的"插入"选项

"设计"视图、同时显示"代码"和"设计"视图的拆分视图。文档工具栏中还包含一些与查看文档、在本地和远程站点间传输文档有关的常用命令和选项,如:"在浏览器中预览/调试""文件管理""验证标记""检查浏览器兼容性"等。

注意:

单击"查看"|"工具栏"|"文档"命令菜单,就会在 Dreamweaver CS4 中显示文档工具栏。若去掉"文档"选项前的对勾,就可以隐藏文档工具栏。

4. 状态栏

状态栏提供与您正创建的文档有关的其他信息。其中"标签选择器"显示环绕当前选定内容的标签的层次结构。单击该层次结构中的任何标签以选择该标签及其全部内容。例如:单击< body >可以选择文档的整个正文。"缩放工具"可以设置当前页面的缩放比率。"窗口大小"用来将"文档"窗口的大小调整到预定义或自定义的尺寸。状态栏最右侧显示当前页面的文档大小和估计下载时间。

5. 面板组

Dreamweaver CS4 将各种工具面板集成到面板组中,包括插入面板、行为面板、框架面板、文件面板、CSS 样式面板、历史面板等。用户可根据自己的需要,选择隐藏和显示面板。单击菜单栏"窗口"命令,在下拉菜单中选择"历史记录",将展开历史面板。

9.2　站点的创建与管理

对于制作维护一个网站,首先需要在本地磁盘上制作修改网站的文件,然后把这个网站制作修改的文件上传到互联网的 Web 服务器上,从而实现网站文件的更新。放置在本地磁盘上的网站称为本地站点,位于互联网 Web 服务器里的网站称为远程站点。Dreamweaver 提供了对本地站点和远程站点强大的管理功能。

Dreamweaver 站点是指在 Dreamweaver 制作设计网页的过程中所使用的术语,是定义一个站点名称、存放文件的文件夹,并可以方便远程管理维护网站的功能。使用 Dreamweaver 站点管理,需要理解以下 3 种站点的定义。

1. 本地信息

本地信息是本地工作目录,也称为"本地站点"。

2. 远程信息

远程信息是远程服务器存储文件的位置,也称为"远程站点",一般是指向使用运行系统正在运行的站点。

3. 测试服务器

测试服务器是用来测试站点的服务器,在测试服务器中测试通过后,再发布到远程站点上。

了解了这些,基本工作已经就绪,下面将以 Dreamweaver CS4 为例介绍 Dreamweaver 站点管理的基本操作。

9.2.1　新建站点

在 Dreamweaver 中可以有效地建立并管理多个站点。搭建站点可以有两种方法:一是使用"站点定义向导",这可以根据提示逐步完成设置过程;二是使用"高级"设置来完成,可以根据需要分别设置本地信息、远程信息和测试服务器。

单击"新建"→"站点",出现站点定义对话框,单击对话框中的"基本"选项卡以使用站点定义向导,或者单击"高级"选项卡以使用"高级"设置,如图 9-2-1、图 9-2-2 所示。

图 9-2-1　新建站点"基本"选项卡

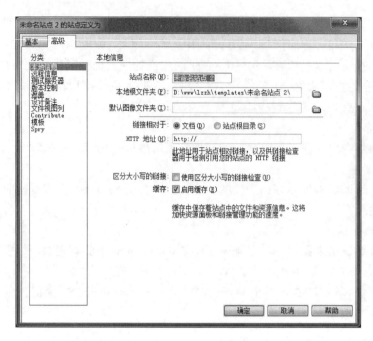

图 9-2-2　新建站点"高级"选项卡

9.2.2　管理站点文件

在上一节学习了如何创建站点，新创建的站点是空的或杂乱的，本节将学习在
Dreamweaver 中如何管理站点中的文件，使用"文件"面板，它一般在 Dreamweaver 主窗口
的右边，如图 9-2-3 所示。

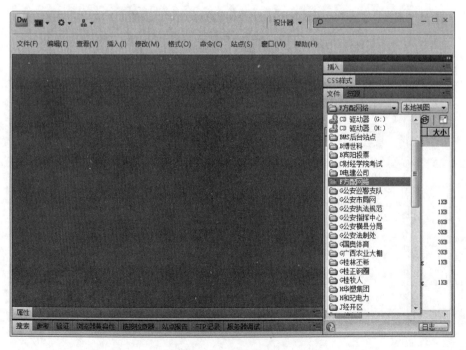

图 9-2-3　"文件"面板

在"文件"面板上,从"站点"弹出式菜单中选择一个"站点",就可以对相应的站点文件内容进行维护管理,如图 9-2-4 所示。

"文件"面板工具栏的工具可以方便与远程服务端上的文件进行"同步""获取""上传"等功能,如图 9-2-5 所示。

图 9-2-4 "站点"窗口

图 9-2-5 "同步"等工具图标

也可以单击以上工具栏中的"展示以显示本地和站点"的最右边的按钮,弹出文件管理对话框,如图 9-2-6 所示。

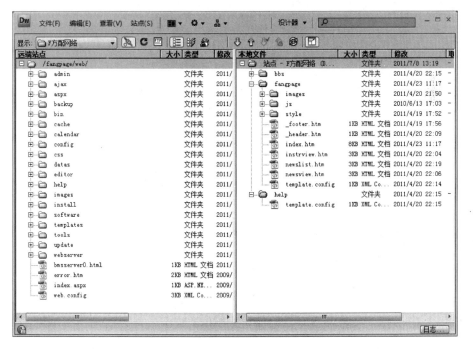

图 9-2-6 "展示以显示本地和站点"窗口

使用存储库视图进行文件的写入取出与 CS3 版本不同,在文件面板中,地图视图换为了存储图视图,Subversion 是一个版本控制软件,集成了 Subversion 的 Dreamweaver CS4 提供了更健壮的文件版本控制、回滚等的取出文件/存回文件的体验,无需任何第三方工具或命令行界面,整个版本控制系统都在 Dreamweaver CS4 中完成。如图 9-2-7 所示,由于未配置远端站点以及其他条件,在存储库视图中无法访问服务器和项目。

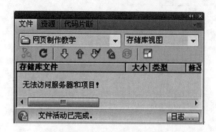

图 9-2-7　存储库视图

9.3　创建和编辑常见的网页元素

在"文件"面板中双击某个网页文档的文件名,可以看到 Dreamweaver 将在文件编辑区内打开这个文档,Dreamweaver 默认使用设计视图显示网页文档的界面,如图 9-3-1 所示。

图 9-3-1　"设计"视图

可以单击视图切换具栏中的"代码"按钮,使用文档以代码方式供我们编辑,如图 9-3-2所示。

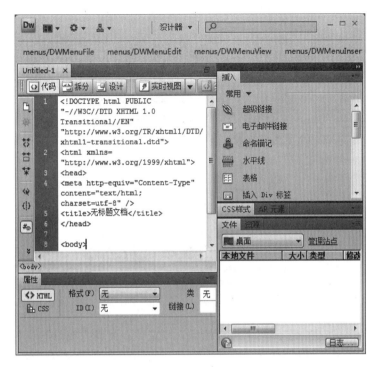

图 9-3-2　"代码"视图

可单击"拆分"按钮,使文档同时显示设计界面和代码,如图 9-3-3 所示。

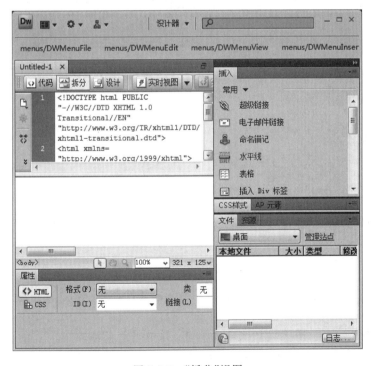

图 9-3-3　"拆分"视图

下面简单介绍常见页面元素的操作。

在文档的"设计"视图中,回车即刻产生新的段落<p></p>标签,按住 Shift 键的同时回车即可在插入点的当前位置产生换行标签
。

在"插入"面板中,提供一系列按钮,用于向网页添加常见的页面元素,如图 9-3-4 所示。

图 9-3-4 "插入"面板

如果要插入图像,应先在文档中将光标插入点定位在要插入图像的位置,再单击"插入"面板中的"图像"按钮。将弹出"选择图像源文件"对话框,在其中选择要添加到页面中的图像文件,如图 9-3-5 所示。

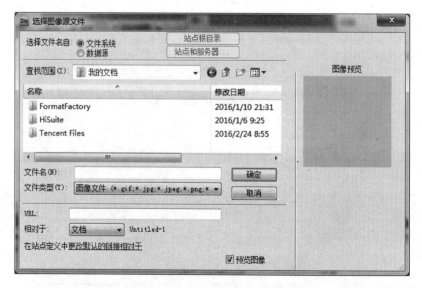

图 9-3-5 "选择图像源文件"对话框

单击"确定"按钮后,将弹出"图像标签辅助功能属性"对话框,在其中可设置图像的替代文字,如图 9-3-6 所示。

单击"确定"按钮后,图像将插入到文档中,并位于之前所在插入点的位置,如图 9-3-7 所示。

如果图像插入后,需要更改成为其他图像文件,或者将其作为链接,或者要设定图像的显示尺寸等,可以使用"属性"面板。

图 9-3-6　"图像标签辅助功能属性"对话框

图 9-3-7　插入图像

插入超链接：单击"插入"面板中的"超级链接"按钮，可向页面中的光标插入点的位置添加超链接，在弹出的"超级链接"对话框中设置链接的文本、网址、目标等属性，如图 9-3-8 所示。

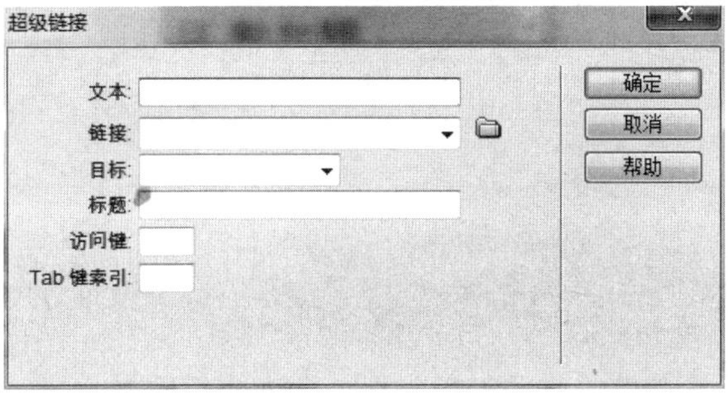

图 9-3-8　"超级链接"对话框

对于文档中已存在的文字或图像,可以选中后在"属性"面板中将它们作为超链接,如图 9-4-9 所示。

图 9-3-9　"属性"面板

如果要链接到本站点内的其他页面,可以在"属性"面板"链接"文本框右侧单击文件夹图标,选择本站内的页面。

9.4　表格及列表操作

要创建列表,可以在文档中输入作为列表项目的多个段落,将这些段落选中,单击"属性"面板中的"项目列表"或"编号列表"按钮,可以将这些选中的段落创建为无序列表或有序列表,如图 9-4-1 所示。

图 9-4-1　列表操作

结果如图 9-4-2 所示。

要创建表格,可以先将光标插入点定位在要添加表格的位置,单击"插入"面板中的表格按钮,弹出"表格"对话框,如图 9-4-3 所示。

图 9-4-2 创建有序列表

图 9-4-3 "表格"对话框

输入表格的行数、列数、宽度、边框及单元格边距和间距,设置标题单元格的位置,输入表格标题文字,单击"确定"按钮,结果如图 9-4-4 所示。

如果需要对已经创建的表格进行修改,则可单击表格的边框线将此表格选中,再在"属性"面板中更改设置。

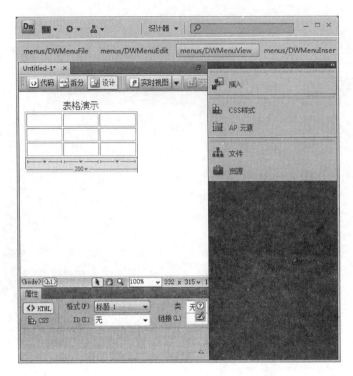

图 9-4-4　表格属性

将光标插入点置于单元格中,可以在"属性"面板中对此单元格的属性进行设置,也可以用鼠标拖动选中一批连续的单元格,对它们的属性进行统一的设置,如图 9-4-5 所示。

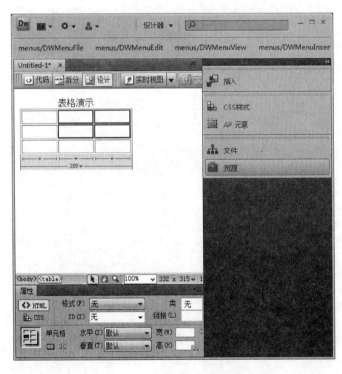

图 9-4-5　选择多个单元格

要实现单元格合并，应先用鼠标拖动选择相邻的要合并的一系列单元格，再单击"属性"面板左下角的"合并所选单元格，使用跨度"按钮，结果如图 9-4-6 所示。

图 9-4-6　单元格合并

9.5　表单及表单元素操作

要在文档中创建及为表单添加表单元素，可使用"插入"面板中的"表单"选项卡，如图 9-5-1 所示。

图 9-5-1　"插入表单"面板

注意：

表单在网页中只是作为表单元素的容器，它是没有界面的，在 Dreamweaver 的设计界面中，它显示为红色的虚线框，之后插入具体的表单元素时，确保光标位于虚线框内。

总结

➢ Dreamweaver 是业界被广泛使用的站点管理和页面制作的可视化工具。

➢ 一般应先创建站点，再编辑页面，这样方便使用站点内的各种资源。

➢ 可以使用 Dreamweaver 方便地在页面中创建超链接、图像、表格、表单及表单元素等网页中的元素。

课后习题

（1）总结 Dreamweaver 的各项优点。

（2）描述 Dreamweaver 新建站点的步骤。

（3）总结 Dreamweaver 创建超链接的几种方式。

第10章

使用Dreamweaver
管理样式和模板

本章目标

➤ 掌握使用 Dreamweaver 管理样式
➤ 掌握使用 Dreamweaver 管理模板

本章单词

请在预习时学会下列单词的含义和发音,并填写在横线处。

1. Dreamweaver:＿＿＿＿＿＿＿＿＿＿＿＿＿＿＿＿＿＿＿＿＿＿＿
2. Adobe:＿＿＿＿＿＿＿＿＿＿＿＿＿＿＿＿＿＿＿＿＿＿＿＿＿＿＿

10.1 管理样式

在 Dreamweaver 中可以方便地创建和使用样式。

现在按步骤来介绍。在 Dreamweaver 中,新建了一个 HTML 页面之后,在面板底部单击 CSS,如图 10-1-1 所示。

然后单击编辑规则,如图 10-1-2 所示。

选择器类型列表框中,有 4 种选择,如图 10-1-3 所示。它们分别表示类选择器、ID 选择器、HTML 标签选择器和上下文选择器。

在规则定义下方的列表框中有两种选择,如图 10-1-4 所示。

如果选择"仅限该文档",则最终生成的 CSS 代码将作为内部样式放置在< head >标签内;如果选择"新建样式表文件",则将创建独立的 CSS 文件来存储最终生成的 CSS 代码,并在当前文档中自动生成< link >标签来连接这个外部样式表文件。

在这里,先选择"类选择器",在"规则定义"中选择"仅限该文档",然后给类选择器取一个名字,如"txt",然后单击"确定"按钮,弹出".txt 的 CSS 规则定义"对话框,如图 10-1-5 所示。

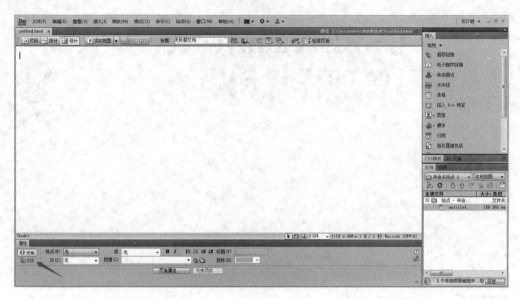

图 10-1-1　CSS 样式

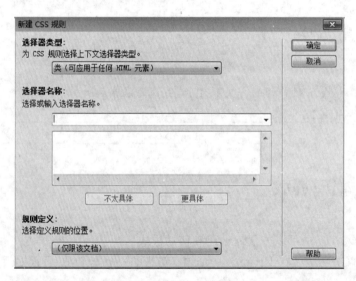

图 10-1-2　新建 CSS 样式规则

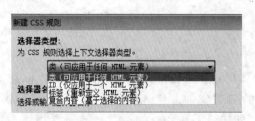

图 10-1-3　选择器类型

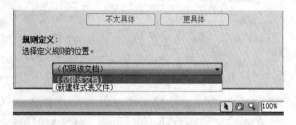

图 10-1-4　规则定义

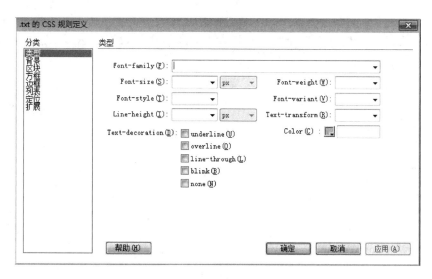

图 10-1-5　CSS 规则定义

在这个对话框中,可以对.txt 类选择器的样式规则进行详细配置,完成后单击"确定"按钮。

此时,将在当前网页文档的< style >标签中生成样式规则代码,如图 10-1-6 所示。

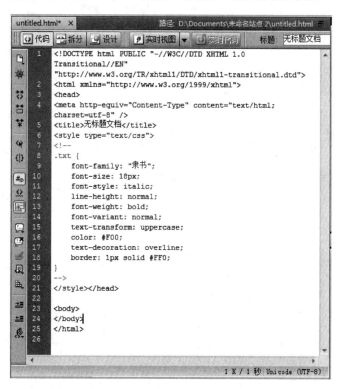

图 10-1-6　生成的样式规则代码

此后,如果要在当前网页文档中某标签元素中使用这个类样式,可以在属性面板中直接选择,如图 10-1-7 所示。

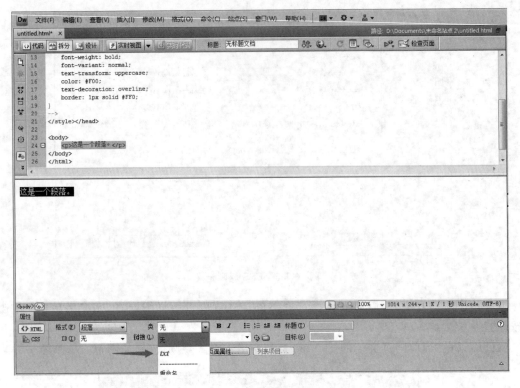

图 10-1-7　给元素应用样式表

如果目前已经存在样式表文件,也可以选择附加到当前文档。操作如下:在面板的底部单击"附加样式表"按钮,如图 10-1-8 所示。

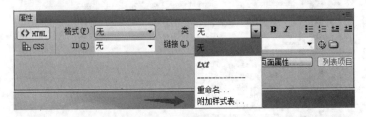

图 10-1-8　附加样式表

弹出"链接外部样式表"对话框,在其中输入或选择 CSS 样式文件的地址,单击"确定"按钮。

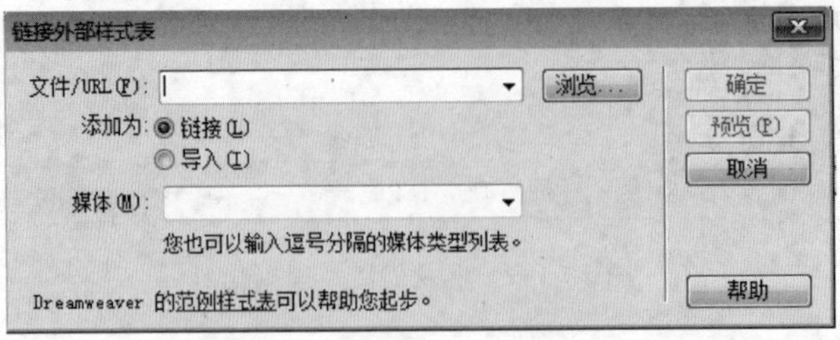

图 10-1-9　链接外部样式表

在实际网页开发中，用得最多的还是直接新建独立的样式表文件，实现 HTML 内容和 CSS 样式的彻底分离，操作如下：

执行"文件"菜单中的"新建"命令，将弹出"新建文档"对话框，如图 10-1-10 所示。

图 10-1-10　新建 CSS 样式文件

选择"空白页"中的"页面类型"为 CSS，单击"创建"按钮。此时将创建空白的 CSS 文件，在编写 CSS 代码时，DW 将对 CSS 属性及其可选的值提供丰富的代码提示和自动补全，非常方便，如图 10-1-11 所示。

图 10-1-11　代码提示

写好了 CSS 文件后，保存到自己的文件夹中，使用的时候如图 10-1-8 所示。附加样式表，然后在其中输入或选择 CSS 样式文件的地址。

10.2　管理模板

在建设一个大规模的网站时,通常需要制作很多的页面,而且还要保证这些页面的风格统一。为了提高网站建设与更新的工作效率,避免重复操作,这就要用到 Dreamweaver 中的模板。本章将学习如何创建和使用模板。

模板的最大作用就是用来创建有统一风格的网页,省去了重复操作的麻烦,提高工作效率。模板是一种特殊类型的文档,文件扩展名为".dwt"。在设计网页时,可以将网页的公共部分放到模板中。要更新公共部分时,只需要更改模板,所有应用该模板的页面都会随之改变。在模板中可以创建可编辑区域,应用模板的页面只能对可编辑区域内进行编辑,而可编辑区域外的部分只能在模板中编辑。

执行"文件"→"新建"命令,选择"空模板",模板类型为"HTML 模板",布局为"空",如图 10-2-1 所示。

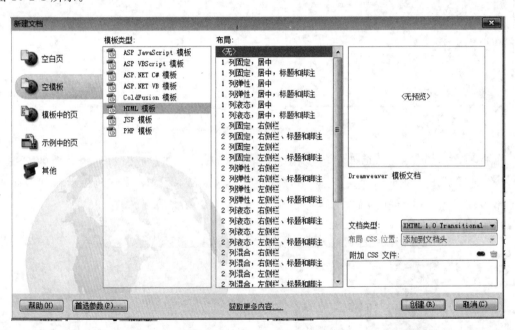

图 10-2-1　新建 HTML 模板

单击"创建"按钮,将在站点中产生模板文件。执行"文件"→"保存"命令,Dreamweaver将弹出警告对话框,如图 10-2-2 所示。

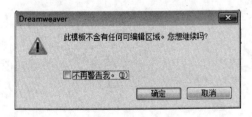

图 10-2-2　警告对话框

单击"确定"按钮，忽略此警告，将模板文件保存到站点中，如图10-2-3所示。

单击"保存"按钮，将在站点中产生第一个模板文件。Dreamweaver 将自动创建 Templates 文件夹用于保存所有的模板文件，如图10-2-4所示。

图 10-2-3　保存模板　　　　　　　　图 10-2-4　保存所有的模板文件

在模板文件中创建多个页面共享的内容，如图10-2-5所示。

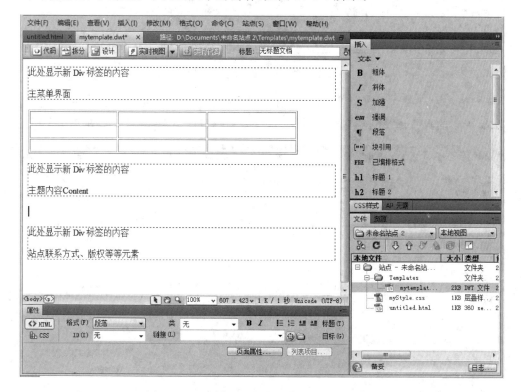

图 10-2-5　在模板中创建多个页面共享的内容

将用于在多个页面中分别添加内容的区域设置为可编辑区域，操作如下：如图10-2-5中的< table >标签，选中之后，执行菜单中的"插入"命令，执行"模板对象"，选择"可编辑区域"，并为此区域内部标识唯一的名称，结果如图10-2-6所示。

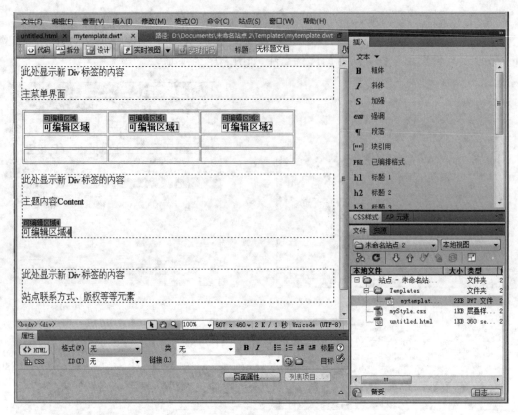

图 10-2-6　设置可编辑区域

　　保存模板文件。之后可以基于已经创建的模板新建网页。执行"文件"→"新建"命令，选择"模板中的页"，选择刚才在"我的站点"中创建的模板 mytemplate，如图 10-2-7 所示。

图 10-2-7　新建模板中的页面

单击"创建"按钮,将生成未命名的网页文档,将它保存并命名为自己需要的名字,如"1. html"。

可以看到在 1. html 网页中,有 4 个地方可以进行编辑,而主菜单页面和站点联系方式两处不能被编辑。对于站点中已经实现创建的网页文档,如果想从模板中获取现有的内容,可以在打开此文档后执行"修改"菜单,选择"模板",执行"应用模板到页"命令,弹出"选择模板"对话框,如图 10-2-8 所示。

当需要对基于模板的网页文档中的共享元素进行修改时,不需要针对每个网页进行修改,只要修改它们共享的模板即可。修改模板以后,保存模板文件,此时 DW 会提示更新与此模板相关的一系列网页文档,如图 10-2-9 所示。

图 10-2-8　对已经创建的网页使用模板

图 10-2-9　更新模板后 DW 提示是否要更新网页

选中这些要随模板一起更新网页文档,单击"更新"按钮,则这批网页将随着模板一起发生修改。

总结

> 使用 Dreamweaver 可以方便地创建 CSS 样式表,包括内部样式表和外部样式表,直接设置属性即可。
> 使用 Dreamweaver 可以创建模板,批量地创建网页或者修改网页,省去了重复操作的麻烦,提高了工作效率。

课后习题

使用 Dreamweaver 创建样式表和模板,应用到自己的个人网站上。

上机部分

上机1

HTML概述与基本标签

上机任务

➢ 任务1　使用文本编辑器创建和编写简单的页面
➢ 任务2　使用标题标签和段落标签
➢ 任务3　使用图像标签
➢ 任务4　使用超链接标签
➢ 任务5　使图像成为超链接

第1阶段　指导

指导1　使用文本编辑器创建和编写简单的网页

完成本任务所用到的主要知识点：

➢ 网页的基本结构

问题

创建一个简单的网页，练习网页的基本结构，在浏览器中的效果如图上机1-1所示。

解决方案

（1）在要保存的目录下用鼠标右击，执行"新建"→"文本文档"，将文件名改为1.html。

（2）使用EditPlus打开1.html，编写代码如例上机1-1所示，并保存。

例上机1-1　一个简单的网页

图上机1-1　一个简单的网页

```
1    <html>
2      <head>
```

```
3        <title>第一个 HTML 页面</title>
4      </head>
5    <body>你好,世界</body>
6    </html>
```

双击 1. html 文件,浏览器会自动启动并显示此网页,观察网页的结果。

指导 2　使用标题标签和段落标签

完成本任务所用到的主要知识点:

➤ 标题标签
➤ 段落标签

问题

制作一个网页,使用标题标签和段落标签。结果如图上机 1-2 所示。

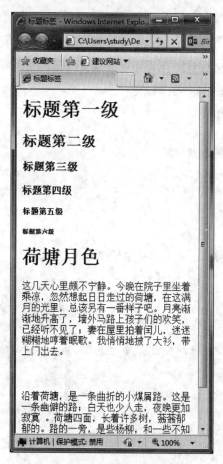

图上机 1-2　标题标签和段落标签

解决方案

(1) 按照指导 1 的解决方案步骤创建网页文档 2. html。

(2) 使用 EditPlus 打开 2. html,编写代码如例上机 1-2 所示,并保存。

例上机 1-2　标题标签和段落标签

```
1    <html>
2      <head>
3         <title>标题标签</title>
4      </head>
5      <body>
6         <h1>标题第一级</h1>
7         <h2>标题第二级</h2>
8         <h3>标题第三级</h3>
9         <h4>标题第四级</h4>
10        <h5>标题第五级</h5>
11        <h6>标题第六级</h6>
12        <h1>荷塘月色</h1>
13        <p>这几天心里颇不宁静。今晚在院子里坐着乘凉,忽然想起日日走过的荷塘,在这满月的
14     光里,总该另有一番样子吧。月亮渐渐地升高了,墙外马路上孩子们的欢笑,已经听不见了;
15     妻在屋里拍着闰儿,迷迷糊糊地哼着眠歌。我悄悄地披了大衫,带上门出去。</p>
16        <p>沿着荷塘,是一条曲折的小煤屑路。这是一条幽僻的路;白天也少人走,夜晚更加寂寞。
17     荷塘四面,长着许多树,蓊蓊郁郁的。路的一旁,是些杨柳,和一些不知道名字的树 。没有月光
18     的晚上,这路上阴森森的,有些怕人。今晚却很好,虽然月光也还是淡淡的。</p>
19     </body>
20   </html>
```

(3) 双击 2. html 文件,浏览器会自动启动并显示此网页,观察网页的结果。

指导 3　使用图像标签

完成本任务所用到的主要知识点:

➢ <spacer>标签

➢
标签

➢ <img>标签

问题

怎么向网页中添加不同文件夹下面的图像文件,结果如图上机 1-3 所示。

解决方案

(1) 新建网页文档 3. html。

(2) 使用 EditPlus 打开 3. html 网页,在其中编写代码如例上机 1-3。

例上机 1-3　图像标签

```
1    <html>
2      <head>
3         <title>图像演示文件</title>
4      </head>
5      <body>
6         <spacer size = 100>本地目录下的图像文件
7         <img src = "1.jpg" alt = "本地目录下的图像文件" height = "100"
8     width = "300"><br>
9
```

图上机 1-3　图像标签

```
10          < spacer size = 100 >本地子目录下的图像文件演示
11          < img src = "images/2.jpg" alt = "本地子目录下的图像文件演示" height = "100"
12  width = "300">< br >
13          < spacer size = 100 >相同磁盘下其他目录下的图像文件演示
14          < img src = "../1/3.jpg" alt = "相同磁盘下其他目录下的图像文件演示"
15  height = "100" width = "300" >< br >
16          < spacer size = 100 >本地计算机其他磁盘目录下的图像文件演示
17          < img src = "file:///E:/2/4.jpg" height = "100" width = "300" alt = "本地计算机其
18  他磁盘目录下的图像文件演示" >
19      </body >
20  </html>
```

（3）双击 3.html 文件，浏览器会自动启动并显示此网页，观察网页的结果。

第2阶段　练习

练习1　使用字体样式标签

问题

将下面文字中的"天街小雨润如酥，草色遥看近却无"这段文字设置下画线，"小荷才露尖尖角"这段文字设置斜体，"自然的精华"这五个字设置加粗。

生命的伊始，大概在第一场雨来临的时候，"天街小雨润如酥，草色遥看近却无"星星点点般的绿色，或许还未能褪去那积攒了一冬的萧瑟，而诗人眼中的生命却早已在这片卑微的绿意中开始了咿呀学语。羸弱的生命尽一切可能吮吸自然的精华，蓄势待发，而那"小荷才露尖尖角"般的蓬勃，也同样慰藉诗人渴求的生命。

提示

分别使用<b></b>标签、<i></i>标签以及<u></u>标签。

练习2　使用超链接标签

问题

在你的个人主页上，显示你经常浏览的网站名称，如"百度""优酷"。要求当浏览者在你的个人主页中单击这些网站名称时，浏览器能将浏览者导航到这些网站的主页中。

提示

使用<a></a>标签可以在网页中实现超链接。将"百度"作为超链接的文字，即放在<a></a>之间。将百度网的网站 https://www.baidu.com 作为超链接的网址，即作为 href 属性的值。

练习3　使用图像成为超链接

问题

在上一个练习中，把网站名字的文字换成网站的 logo 图像。

提示

使用<ing/>图像标签代替超链接文字。

上机2

表格与列表

上 机 任 务

➤ 任务 1　创建简单的表格
➤ 任务 2　单元格合并
➤ 任务 3　使用无序列表
➤ 任务 4　使用有序列表
➤ 任务 5　使用表格
➤ 任务 6　使用复杂表格

第1阶段　指导

指导 1　创建简单的表格

完成本任务所用到的主要知识点：

表格的基本结构

➤ <table></table>标签

➤ <tr></tr>标签

➤ <td></td>标签和<th></th>标签

问题

使用表格存储各科的成绩，结果如图上机 2-1 所示。

解决方案

（1）新建网页文档 4. html。

（2）使用 EditPlus 打开 4. html 网页，在其中编写代码如例上机 2-1。

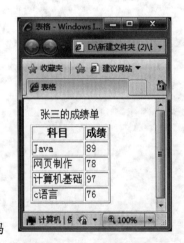

图上机 2-1　简单表格

例上机 2-1　简单表格

```
1    <html>
2      <head>
3            <title>表格</title>
4        </head>
5        <body>
6            <table border = 1>
7            <caption>张三的成绩单</caption>
8      <tr>
9            <th>科目</th>
10           <th>成绩</th>
11     </tr>
12     <tr>
13           <td>Java</td>
14           <td>89</td>
15     </tr>
16      <tr>
17           <td>网页制作</td>
18           <td>78</td>
19     </tr>
20      <tr>
21           <td>计算机基础</td>
22           <td>97</td>
23     </tr>
24     <tr>
25           <td>c 语言</td>
26           <td>76</td>
27     </tr>
28     </table>
29     </body>
30   </html>
```

（3）双击 4. html 文件,浏览器会自动启动并显示此网页,观察网页的结果。

指导 2　单元格的合并

完成本任务所用到的主要知识点：

➢ 单元格的 colspan 属性

➢ 单元格的 rowspan 属性

问题

表格可作为网页局部实现复杂排版的手段,在某个网页中的局部区域,要实现如图上机 2-2 所示的布局。

解决方案

（1）新建网页文档 5. html。

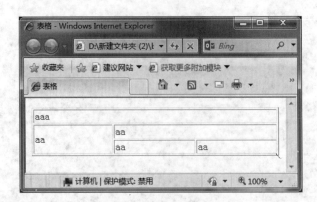

图上机 2-2　合并单元格

（2）使用 EditPlus 打开 5.html 网页，在其中编写代码如例上机 2-2 所示。

例上机 2-2　单元格合并

```
1    < html >
2      < head >
3          < title >表格</title>
4        </head>
5        < body >
6         < table border = 1 width = "400">
7         < tr >
8            < td colspan = "3"> aaa </td>
9         </tr>
10        < tr >
11           < td rowspan = "2"> aa </td>
12           < td colspan = "2"> aa </td>
13        </tr>
14        < tr >
15           < td > aa </td>
16           < td > aa </td>
17        </tr>
18        </table>
19        </body>
20    </html>
```

（3）双击 5.html 文件，浏览器会自动启动并显示此网页，观察网页的结果。

指导 3　无序列表

完成本任务所用到的主要知识点：
➢ < ul >< ul >标签
➢ < li >< li >标签

问题

在网页中介绍你经常乘坐的地铁线路，结果如图上机 2-3 所示。

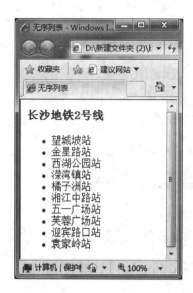

图上机 2-3　无序列表

解决方案

(1) 新建网页文档 6.html。

(2) 使用 EditPlus 打开 6.html 网页,在其中编写代码如例上机 2-3。

例上机 2-3　无序列表

```
1    <html>
2      <head>
3            <title>无序列表</title>
4      </head>
5      <body>
6      <h3>长沙地铁 2 号线</h3>
7      <ul>
8            <li>望城坡站</li>
9            <li>金星路站</li>
10           <li>西湖公园站</li>
11           <li>溁湾镇站</li>
12           <li>橘子洲站</li>
13           <li>湘江中路站</li>
14           <li>五一广场站</li>
15           <li>芙蓉广场站</li>
16           <li>迎宾路口站</li>
17           <li>袁家岭站</li>
18      </ul>
19     </body>
20   </html>
```

(3) 双击 6.html 文件,浏览器会自动启动并显示此网页,观察网页的结果。

第 2 阶段　练习

练习 1　使用表格

问题

请用表格展示你所在班级最近一段测试的成绩。

练习 2　使用无序列表和有序列表嵌套

问题

请在网页中介绍你经常乘坐的公交线路和它们经过的公交站点。

练习 3　使用复杂表格

问题

请用表格展示你所在班级本月的课程表。

上机3

表单与表单元素

上 机 任 务

➢ 任务1 form 和 input 标签的简单使用
➢ 任务2 使用各种类型的 input 元素
➢ 任务3 使用列表框
➢ 任务4 使用 fieldset 和 legend 标签

第1阶段 指导

指导1 form 和 input 标签的简单使用

完成本任务所用到的主要知识点：
➢ 表单和表单元素的关系
➢ < form ></form >标签
➢ < input/>标签

问题

在我们的网站中实现登录页面的表单,结果如图上机 3-1 所示。

解决方案

(1) 新建网页文档 7.html。

(2) 使用 EditPlus 打开 7.html 网页,在其中编写代码如例上机 3-1。

例上机 3-1 简单表格

图上机 3-1 简单表单

```
1   < html >
2       < head >
3          <title>登录表单</title>
```

```
4        </head>
5        <body>
6           <form action = "frameset.html" method = "post">
7            <p>用户名: <input type = "text" name = "username" ></p>
8            <p>密 码: <input type = "password" name = "password"></p>
9              <input type = "submit" name = "btnlogin" value = "登录">
10             <a href = "zhuce.html">注册</a>
11          </form>
12       </body>
13  </html>
```

（3）双击 7.html 文件，浏览器会自动启动并显示此网页，观察网页的结果。

指导 2　使用各种类型的 input 元素

完成本任务所用到的主要知识点：

➢ <input/>标签的 type 属性

问题

现在要为某网站制作会员注册页面，结果如图上机 3-2 所示。

图上机 3-2　各种类型的 input 元素

解决方案

（1）新建网页文档 8.html。

（2）使用 EditPlus 打开 8.html 网页，在其中编写代码如例上机 3-2。

例上机 3-2　单元格合并

```
1   <html>
2     <head>
3      <title>注册表单</title>
4     </head>
```

```
5        <body>
6          <form action = "frameset.html" method = "get">
7          <p>用户名: < input type = "text" name = "username" ></p>
8          <p>密   码: < input type = "password" name = "password"></p>
9            <p>兴趣爱好:</p>
10           <p>游戏< input type = "checkbox" name = "game">体育< input type = "checkbox" name =
11    "diru">上网< input type = "checkbox" name = "net"></p>
12           <p>性别: 男< input type = "radio" name = "sex" value = "man" checked = "checked">
13    女< input type = "radio" name = "sex" value = "woman"></p>
14           <p>上传文件:< input type = "file" value = "file"></p>
15           <p>< input type = "submit" value = "注册">
16             < input type = "reset" value = "重新填写">
17           </p><! -- 提交表单 -->
18         </form>
19      </body>
20  </html>
```

(3) 双击8.html文件,浏览器会自动启动并显示此网页,观察网页的结果。

第2阶段　练习

练习1　使用列表框和多文本框

问题

在指导2的基础上,增加选择年龄的列表和工作经历,其结果如图上机3-3所示。

图上机3-3　列表框和多文本框

练习 2   使用 fieldset 和 legend 标签

问题

在指导 2 的基础上，将所有表单元素分为两组，为每组提供标题文字，结果如图上机 3-4 所示。

图上机 3-4   表单元素分组

上机4

框架集与框架

上 机 任 务

➢ 任务1　实现简单的框架集
➢ 任务2　实现嵌套框架集
➢ 任务3　使用框架的属性
➢ 任务4　使用浮动框架
➢ 任务5　实现复制的框架集嵌套

第1阶段　指导

指导1　实现简单的框架集

完成本任务所用到的主要知识点：
➢ 框架集与框架的关系
➢ < frameset ></ frameset >标签
➢ < frame/>标签

问题

在大多数网页中，并不是所有的内容都需要改变，如网页的导航栏、网页页脚等，因此我们需要一个网页，分为上中下3个区域，上和下分别放置网页的导航栏和网页页脚，中间放置网页的主体。其模拟效果如图上机 4-1 所示。

解决方案

（1）分别创建网页文档 9. html，head. html，middle. html，bottom. html 4 个网页，其中9. html 作为框架集页面。

（2）使用 EditPlus 打开 9. html 网页，在其中编写代码如例上机 4-1。

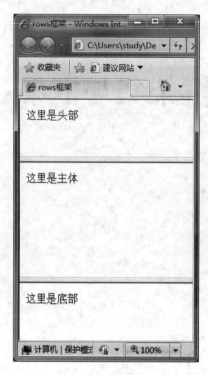

图上机 4-1　简单框架集

例上机 4-1　简单表格

```
1    <html>
2      <head>
3        <title>rows框架</title>
4      </head>
5    <frameset bordercolor = "Yellow" rows = "25％,50％, ＊" border = "5">
6        <frame name = "top" src = "head.html">
7        <frame name = "middle" src = "middle.html">
8        <frame name = "bottom" src = "bottom.html">
9    </frameset>
10   </html>
```

（3）在 head.html, middle.html, bottom.html 3 个网页中随意创建一些内容。

（4）双击 9.html 文件，浏览器会自动启动并显示此网页，观察网页的结果。

指导 2　实现嵌套的框架集

完成本任务所用到的主要知识点：

➤ 框架集的嵌套

问题

在指导 1 的基础上，创建多行多列的框架集，其效果如图上机 4-2 所示。

图上机 4-2 框架集嵌套

解决方案

（1）修改 9. html 页面的代码并保存。

例上机 4-2 单元格合并

```
1   <html>
2     <head>
3        <title>框架嵌套</title>
4     </head>
5   <frameset rows = "20%, *, 15%">
6     <frame src = "head.html" />
7     <frameset cols = "20%, *">
8        <frame src = "left.html " />
9        <frame src = "right.html" />
10    </frameset>
11    <frame src = "bottom.html" />
12  </frameset>
13  </html>
```

（2）新建 left. html，right. html 页面，随意为它创建一些内容。

（3）在浏览器中查看 9. html。

第 2 阶段 练习

练习 1 使用框架的属性

问题

扩展上一个练习，设置 head. html 网页所在的框架无论如何不出现滚动条，设置 left.

html 和 right. html 页面所在的框架不能被浏览者改变大小。在 left. html 页面中添加 3 个链接,设置它们指向的网页分别在右侧框架中、新的窗口中、当前浏览器窗口中打开。

练习 2   使用浮动框架

问题

使用浮动框架实现指导 1 的界面。

练习 3   实现复杂的框架集嵌套

问题

使用框架集嵌套实现多文档共享一个浏览器窗口的界面,结果如图上机 4-3 所示。

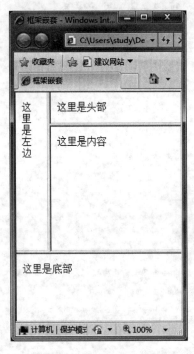

图上机 4-3   复制的框架集嵌套

上机5

CSS层叠样式表

上机任务

- ➤ 任务 1　使用 HTML 标签选择器
- ➤ 任务 2　使用类选择器
- ➤ 任务 3　使用伪类选择器
- ➤ 任务 4　使用 ID 选择器和上下文选择器

第1阶段　指导

指导 1　使用 HTML 标签选择器

完成本任务所用到的主要知识点：

➤ HTML 标签选择器

问题

页面一般会出现多个段落、标题等标签，我们需要统一这些标签的格式，而分别对每个标签提供格式信息会非常烦琐，另外标题标签的默认格式也不符合我们的期望，我们希望统一标题标签的格式，结果如图上机 5-1 所示。

分析

使用 HTML 标签选择器可告知浏览器页面中的所有段落应如何显示，直接以要重新定义格式的标签名作为选择器的名称。

解决方案

（1）创建 HTML 页面，在< head >标签内添加< style >标签，并在其中编写 CSS代码。

图上机 5-1　标签选择器

例上机 5-1　标签选择器

```
1   <!DOCTYPE html PUBLIC " - //W3C//DTD XHTML 1.0 Strict//EN"
2       "http://www.w3.org/TR/xhtml1/DTD/xhtml1 - strict.dtd">
3   <html>
4   <head>
5     <title>标签选择器</title>
6     <style type = "text/css">
7       h1{
8           font - size:30px;
9           text - align:center;
10          font - family:"微软雅黑";
11      }
12      p{
13          color:red;
14          font - size:14px;
15          text - indent:28px;
16          line - height:28px;
17      }
18    </style>
19  </head>
20  <body>
21    <h1>苏浙沪气温猛降超 10℃ 华北黄淮雾霾起</h1>
```

```
22          <p>中国天气网讯 昨天(28日),全国大部晴多雨少,气温北降南升。北方部分地区降幅超过
23      10℃,而长江以南迎来大面积升温,大部地区气温超过20℃。今天,冷空气向东向南推进,安徽、
24      江苏、上海、浙江等"包邮区"气温将出现"大跳水",降幅可达12℃。此外,未来三天,华北、黄淮
25      等地雾霾来袭,局地有重度霾。</p>
26          <p>昨天,在冷空气的袭击下,北方地区遭遇大范围降温。监测显示,与前一天同时次相比,
27      昨天14时内蒙古中西部和东南部、宁夏、甘肃沿河一带及甘肃东部、陕西大部、湖北北部、河南大
28      部、苏皖中北部、山东大部、山西大部、河北北部、北京、辽宁中西部等地气温普遍下降2-6℃,其
29      中宁夏南部、陕西中北部、河南西南部、山东西部及江苏中北部部分地区降幅达到8-12℃。</p>
30          <p>在冷空气到来之前,长江以南大部地区昨天迎来升温。监测显示,14时,浙江、福建、江
31      西、湖南中南部、广东东部、广西北部、贵州东部和南部以及云南北部和西南部等地升幅普遍有
32      4-8℃,局地升幅达到9-10℃,气温普遍达到20℃上下。省会级城市中,重庆为20.8℃、贵阳
33      为19.6℃、长沙为21.8℃、杭州为23.1℃、福州为21.1℃、广州为20℃。</p>
34      </body>
35      </html>
```

(2) 使用 CSS 注释(/ * 被注释的内容 * /)将< style >标签内的 CSS 代码注释掉,保存之后在浏览器中重新查看此页面,可以看到效果的不同(字体、缩进、字体大小、居中等)。

指导2　使用类选择器

完成本任务所用到的主要知识点:

➢ 类选择器

➢ 标签的 CLASS 属性

问题

在大多数情况下,同一种标签的多个实例使用完全相同的样式并不可行。如文本框、单选按钮、复选框、提交按钮、重置按钮等尽管都是< input >标签,但我们可能希望它们具有不同的样式。例如这样设计:表单中所有用于输入文字的表单元素(不管是文本框还是密码框或多行文本域)共享相同的一种样式,而所有用于让浏览者单击执行确认动作的按钮(不管是提交按钮还是重置按钮或自定义命令按钮)则共享另一种样式。

结果如图上机 5-2 所示。

图上机 5-2　类选择器

分析

在这种情况下,我们应该考虑将页面中的多个元素划归为同一个类,而另一批元素规划为另一个类。按图上机 5-2 来说,将用于输入文字的表单元素划为一个类、按钮划为一个

类,每一种类对应一种样式表。

解决方案

创建 HTML 页面,如例上机 5-2 所示编写代码,使用类选择器。

例上机 5-2　类选择器

```
1   <!DOCTYPE html PUBLIC " - //W3C//DTD XHTML 1.0 Strict//EN"
2       "http://www.w3.org/TR/xhtml1/DTD/xhtml1 - strict.dtd">
3   <html>
4   <head>
5     <title>类选择器</title>
6     <style type = "text/css">
7       .title{
8            font - size:14px;
9            font - weight:bold;
10      }
11      .txt{
12           background - color: #dddddd;
13           border:dashed 1px green;
14      }
15      .btn{
16           border:solid 1px gray;
17           color:blue;
18      }
19    </style>
20  </head>
21  <body>
22    <form>
23        <span class = "title">日志标题</span>
24        <input class = "txt" type = "text" /><br />
25        <span class = "title">日志内容</span>
26        <textarea class = "txt" cols = "40" rows = "5"></textarea><br />
27        <input class = "btn" type = "submit" value = "发表日志" />
28        <input class = "btn" type = "reset" value = "重写日志" />
29    </form>
30  </body>
31  </html>
```

第 2 阶段　练习

练习 1　使用 ID 选择器和上下文选择器

问题

页面上大部分段落的样式为 14px 和黑色,但某几个段落被包含在一个特定的 div 标签内,对于被这个特定的 div 标签包含的段落,要将它们的样式设为 12px 的字号和灰色文字。该怎么做呢?

提示

可以先对< p >标签定义为标签选择器,它会对整个页面中的所有段落都有效。再为特定的< div >标签提供 ID 属性,然后用这个 ID 值和< p >标签的名称组成上下文选择器。

练习 2　使用伪类选择器

问题

可以通过伪类分别为访问过的链接和未访问过的链接设置不同的样式。要求:创建外部样式表文件,在其中编写关于链接的样式规则,包含 4 种状态(普通状态、已访问过状态、激活状态和鼠标悬停状态),分别拥有不同的样式。

提示

外部样式表文件与网页文件一样,本质是文本文件,只是扩展名为.css。在它里面通常声明多个网页都要使用的样式规则。在网页代码< head >标签内,可以使用< link >标签来引用外部样式表。

为未访问过的链接和已访问过的链接分别使用伪类 a:link 和 a:visited。活动的链接对应的伪类为 a:active,有鼠标悬停的链接对应的伪类为 a:hover。

上机6

常用的CSS样式

上 机 任 务

➢ 任务1　使用颜色与背景属性
➢ 任务2　使用文本和字体属性
➢ 任务3　使用边框属性
➢ 任务4　使用无序列表实现简单的菜单
➢ 任务5　熟悉常用的 CSS 样式属性

第1阶段　指导

指导1　使用颜色与背景属性

完成本任务所用到的主要知识点：

➢ background-image
➢ background-repeat
➢ background-position

问题

对于一个区域的背景图像,我们希望只出现一次,而不是重复平铺;有时候还想要精确地指定背景图像出现的位置,结果如图上机 6-1 所示。

分析

background-repeat 属性可以设置背景图像是否重复平铺以及向哪个方向平铺;background-position 属性可以使用像素或百分比来精确地控制背景图出现的位置。

解决方案

创建 HTML 页面,在其< body >标签内添加三行两列的表格,在< head >标签内添加< style >标签,然后在< style >标签中编写如例上机 6-1 所示的 CSS 代码。

图上机 6-1　背景属性

例上机 6-1　背景尾性

```
1    <!DOCTYPE html PUBLIC " - //W3C//DTD XHTML 1.0 Strict//EN"
2        "http://www.w3.org/TR/xhtml1/DTD/xhtml1 - strict.dtd">
3    <html>
4     <head>
5      <title>背景属性</title>
6       <style>
7       #mytable{
8            width:500px;
9            height:150px;
10           background: #fedcba url(imgs/a1.png) no - repeat scroll 15 % 20px;
11       }
12      </style>
13    </head>
14    <body>
15       <table id = "mytable">
16       <tr>
17           <td>北京</td>
18           <td>天津</td>
19           <td>重庆</td>
20       </tr>
21       <tr>
22           <td>长沙</td>
23           <td>株洲</td>
24           <td>湘潭</td>
25       </tr>
26       </table>
27    </body>
28    </html>
```

指导2　使用文本和字体属性

完成本任务所用到的主要知识点：

➤ text-align

> text-indent
> line-height
> font-size
> font-family

问题

我们想对下面的文本进行修饰，包括文本的背景色、字体颜色及大小、居中、行高等。效果如图上机 6-2 所示。

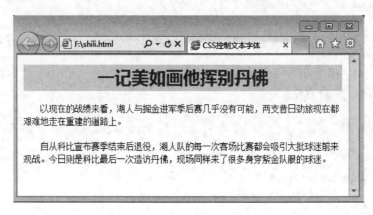

图上机 6-2   文本、字体属性

分析

对于背景色，可以使用 background-color 来修饰；字体颜色和大小使用 font-color 和 font-size 来修饰，也可以使用 font 直接修饰；字体类型使用 font-family；文本的行高使用 line-height，取值为像素；文字缩进则为 text-indent。

解决方案

创建 HTML，编写代码如下。

例上机 6-2   文本、字体属性

```
1    <!DOCTYPE html PUBLIC " - //W3C//DTD XHTML 1.0 Strict//EN"
2        "http://www.w3.org/TR/xhtml1/DTD/xhtml1 - strict.dtd">
3    <html>
4        <head>
5            <title>CSS 控制文本字体</title>
6            <style type = "text/css">
7            h1{
8                background - color: #E7EAEB;
9                font - family:"微软雅黑";
10               font - size:28px;
11               color:red;
12               text - align:center;
13           }
14           p{
15               color:blue;
16               font - size:14px;
```

```
17              text - indent:28px;
18              line - height:20px;
19          }
20      </style>
21    </head>
22    < body >
23      < h1 >一记美如画他挥别丹佛</h1 >
24      <p>以现在的战绩来看,湖人与掘金进军季后赛几乎没有可能,两支昔日劲旅现在都艰难
25  地走在重建的道路上。</p>
26      <p>自从科比宣布赛季结束后退役,湖人队的每一次客场比赛都会吸引大批球迷前来
27  观战。今日则是科比最后一次造访丹佛,现场同样来了很多身穿紫金队服的球迷。</p>
28    </body >
29 </html >
```

指导 3 使用边框属性

完成本任务所用到的主要知识点：

➢ border-width

➢ border-style

➢ border-color

问题

我们想对一个区域的顶、右、底、左 4 个边框分别进行设置,结果如图上机 6-3 所示。

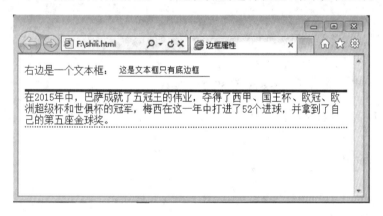

图上机 6-3 边框属性

分析

使用 border-top、border-right、border-bottom、border-left 属性可以对 4 个边框分别设置；另外使用 border-width、border-style、border-color 可以设置边框的粗细、线型和颜色。

解决方案

创建 HTML 页面,编写代码如例上机 6-3 所示。

例上机 6-3 边框属性

```
1  <! DOCTYPE html PUBLIC " - //W3C//DTD XHTML 1.0 Strict//EN"
2      "http://www.w3.org/TR/xhtml1/DTD/xhtml1 - strict.dtd">
```

```
3    < html >
4     < head >
5      < title >边框属性</title>
6        < style >
7         ♯p1{
8            border:none;
9            border - top:4px solid blue;
10           border - bottom:2px dotted red;
11        }
12        ♯txt{
13           border - width:1px;
14           border - style:none none solid none;
15           border - color:gray;
16        }
17       </style>
18     </head>
19     < body >
20       < div id = "myDiv">
21            右边是一个文本框:
22           < input id = "txt" value = "这是文本框只有底边框" />
23           < p id = "p1">在 2015 年中,巴萨成就了五冠王的伟业,夺得了西甲、国王杯、欧冠、欧洲
24    超级杯和世俱杯的冠军,梅西在这一年中打进了 52 个进球,并拿到了自己的第五座金球奖。</p>
25       </div>
26    </body>
27    </html>
28
```

指导 4　使用无序列表实现简单的菜单

完成本任务所用到的主要知识点:

➤ border
➤ background
➤ display
➤ width

问题

一般网站的网页顶部都有网站的导航菜单,单击各个菜单项可以转到不同的栏目,我们要在网页中实现一个简单的菜单,结果如图上机 6-4 所示。

分析

可以将整个菜单看作是一个无序列表,每个列表项目就是一个菜单项;菜单项被单击后要能够链接到其他栏目页面,所以列表项目中应该包含超链接;鼠标移动到菜单项上方时菜单项背景会变色,表明它即将被用户单击,这一点可以通过超链接的 hover 伪类来实现。

解决方案

创建 HTML 页面,编写如例上机 6-4 所示的代码。

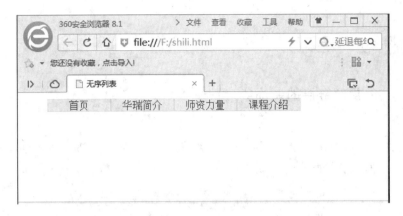

图上机 6-4 无序列表

例上机 6-4 无序列表

```
1   <!DOCTYPE html PUBLIC " - //W3C//DTD XHTML 1.0 Strict//EN"
2       "http://www.w3.org/TR/xhtml1/DTD/xhtml1 - strict.dtd">
3   <html>
4   <head>
5    <title>无序列表</title>
6    <style type = "text/css">
7       #myul li{
8           background - color:#efefef;
9           float:left;
10          width:100px;
11          border:1px solid #fedcba;
12          text - align:center;
13      }
14      #myul li a{
15          text - decoration:none;
16      }
17      #myul li a:hover{
18          width:100%;
19          background - color:#cccccc;
20      }
21   </style>
22  </head>
23  <body>
24      <ul id = "myul">
25          <li><a href = "#">首页</a></li>
26          <li><a href = "#">华瑞简介</a></li>
27          <li><a href = "#">师资力量</a></li>
28          <li><a href = "#">课程介绍</a></li>
29      </ul>
30  </body>
31  </html>
```

第2阶段　练习

练习1　设置超链接的装饰线

问题

超链接在浏览器中默认是有下画线的。我们希望页面中大部分超链接没有任何装饰线,但局部区域的超链接既有上画线也有下画线,结果如图上机 6-5 所示。

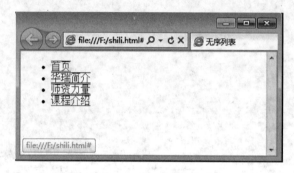

图上机 6-5　超链接装饰线

提示

先针对超链接 a 标签定义 HTML 标签选择器,再针对局部区域的超链接定义类选择器,并为局部区域的容器定义 ID 属性,使用 ID 和类名构成上下文选择器。

练习2　熟悉常用的 CSS 样式属性

问题

本章详细地介绍了有关背景、边框、文字、字体、列表等 CSS 属性,在上面的指导和练习中,我们使用了其中一部分。其他部分请参考本章理论部分的范例进行练习。

提示

重点练习 background-＊、border-＊、text-＊、font-＊、list-style-＊ 这几类常用的属性。

上机7

Web标准与页面布局

上 机 任 务

➤ 任务1 模拟城市选择器
➤ 任务2 模拟扫描码下载提示
➤ 任务3 模拟职能类别选择器

第1阶段 指导

指导1 模拟城市选择器

完成本任务所用到的主要知识点：

➤ display
➤ position

问题

前程无忧首页提供了招聘职位搜索器，如图上机7-1所示。

图上机7-1 招聘职位搜索器

单击"选择地区"列表框时，网页中将弹出城市列表供用户选择工作地点，如图上机7-2所示。

用户选择城市后，或者单击右上角"关闭"按钮，弹出的城市列表将消失，回到招聘职位搜索器界面，如图上机7-3所示。

分析

弹出的"城市列表"页面不可能凭空产生，其本来就存在于当前网页中，只不过一般的时

图上机 7-2　城市选择器

图上机 7-3　选定城市后

候处于隐藏状态,需要它时才让它显示出来。显示时,它处于网页正文的上层,定位在正文区域的中央。通过 display 属性我们可以控制它的隐藏或显示,而定位则是由 position 来控制。

解决方案

(1) 创建 HTML 网页,先编写搜索表单中的基本代码。

```
1   <!DOCTYPE html PUBLIC " - //W3C//DTD XHTML 1.0 Strict//EN"
2       "http://www.w3.org/TR/xhtml1/DTD/xhtml1 - strict.dtd">
3   <html>
4    <head>
5     <title>弹出城市列表</title>
6      <style type = "text/css">
7
8      </style>
9    </head>
10   <body>
11      <p>首页</p>
12       <form>
```

```
13          招聘职位搜索表单</br>
14          职位名:< input type = "text" name = "txtJobName" id = "txtJobName" />
15          城市:< input type = "text" name = "txtJobCity" id = "txtJobCity" />
16          < input type = "button" value = "点此选择城市" />
17          < input type = "submit" name = "btnsubmit" value = "搜索" />
18      </form>
19  </body>
20  </html>
```

代码运行如图上机 7-4 所示。

图上机 7-4　表单

（2）编写模拟城市列表的代码,在</form>之后,< body >之前,使用< div >标签包裹整个城市列表。

```
1   < div id = "divCityList">
2       < span>请选择工作地点</span>
3       < span>【不限】</span>
4       < span>【关闭】</span>
5       < table style = "clear:both">
6           < caption>主要城市</caption>
7           < tr >
8               < td>北京</td>
9               < td>上海</td>
10              < td>深圳</td>
11          </tr>
12          < tr >
13              < td>长沙</td>
14              < td>株洲</td>
15              < td>湘潭</td>
16          </tr>
17      </table>
18  </div>
```

（3）给< div >加一个边框,编写 CSS 样式代码。

```
1   < style type = "text/css">
2       #divCityList{
```

```
3              border:1px solid gray;
4          }
5    </style>
```

代码运行如图上机 7-5 所示。

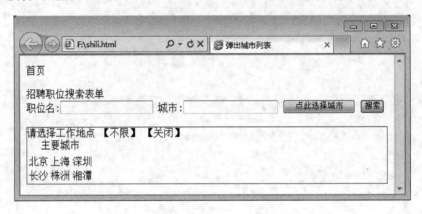

图上机 7-5 模拟城市选择器

（4）控制< div >顶部 3 个文字块的位置，顶部一行需要整体的背景色。可将 3 个 span 用单独的< div >包裹起来。修改后的代码如下。

```
1    < div id = "divTitle">
2            < span id = "spanAdress">请选择工作地点</span >
3            < span id = "spanNone">【不限】</span >
4            < span id = "spanClose">【关闭】</span >
5    </div >
```

（5）给它们定义样式。

```
1    #divTitle{
2        width:100%;
3        background-color:#abcdef;
4        cursor:move;
5        float:left;
6    }
7    #spanAddress{
8        float:left;
9    }
10   #spanNone,#spanClose{
11       float:right;
12       font-weight:bold;
13       cursor:pointer;
14   }
```

代码运行如图上机 7-6 所示。

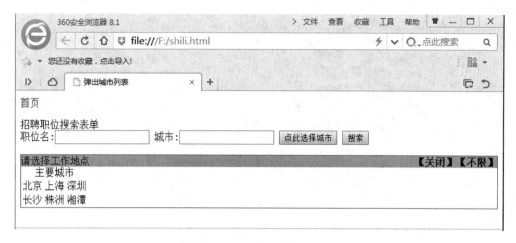

图上机 7-6　模拟城市选择器

（6）考虑到"城市列表"div 应该是显示在网页正文的上方，不占用正文的空间，修改它的样式规则，使用绝对定位并设置坐标。

```
1   #divCityList{
2       border:1px solid gray;
3       position:absolute;
4       top:60px
5       left:200px;
6   }
```

此时运行代码会有元素重叠，如图上机 7-7 所示。

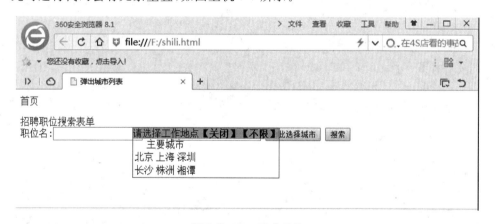

图上机 7-7　元素重叠

（7）对它的背景色、内部表格进行修饰。样式代码修改如下。

```
1   #divCityList{
2       border:1px solid gray;
3       position:absolute;
4       top:60px;
5       left:200px;
```

```
6            background-color:#fedcba;
7            width:300px;
8    }
9    #divCityList table{
10           width:100%;
11           border-collapse:collapse;
12           border:1px doube gray;
13   }
14   #divCityList table td{
15           border:1px double gray;
16           text-align:center;
17   }
```

运行结果如图上机 7-8 所示。

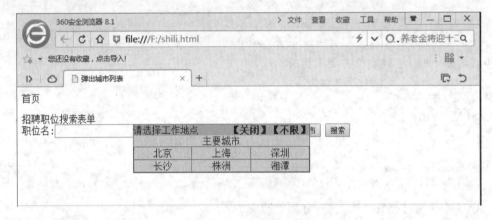

图上机 7-8   设置表格样式

（8）最后一步，"城市列表"div 仅当需要时才显示，一般情况下隐藏。在它的标签上直接使用内联样式。修改代码如下。

```
1    <div id="divCityList" style="display:none">
```

代码运行结果如图上机 7-9 所示。

图上机 7-9   隐藏城市选择器

指导 2　模拟扫描码下载提示

完成本任务需要用到的主要知识点：

- position
- background
- cursor
- width、height
- left、top

问题

许多网站都有可以固定在屏幕某一块地方的广告、二维码之类的< div >块，如图上机 7-10 所示。

图上机 7-10　固定定位提示

注意右下角，有扫码下载客户端提示，单击"×"可以关闭此提示。单击图片或文字，将引导用户去下载客户端。页面滚动时，此提示一直处于右侧的固定位置。

我们的任务中也要实现类似的功能，图片 bookmark.png 已经准备好，如图上机 7-11 所示。

分析

使用 position 属性确定元素的定位方式，赋值为 fixed 可以使页面元素固定在文档窗口的某处，不随文档正文滚动而滚动。"×"和二维码图片、文字链接等可单击区域由绝对定位来实现。

解决方案

（1）创建 HTML 网页，在其中模拟一些正文内容，并创建用于定位的< div >标签。

图上机 7-11　二维码
背景图

```
1   <!DOCTYPE html PUBLIC " - //W3C//DTD XHTML 1.0 Strict//EN"
2       "http://www.w3.org/TR/xhtml1/DTD/xhtml1 - strict.dtd">
3   < html >
4    < head >
5     < title >二维码提示</title>
6      < style type = "text/css">
7
8      </style>
9    </head>
10   < body >
11      < div id = "bookmarker">
12
13      </div>
14      <p>模拟的正文部分</p><p>模拟的正文部分</p><p>模拟的正文部分</p>
15      <p>模拟的正文部分</p><p>模拟的正文部分</p><p>模拟的正文部分</p>
16      <p>模拟的正文部分</p><p>模拟的正文部分</p><p>模拟的正文部分</p>
17      <p>模拟的正文部分</p><p>模拟的正文部分</p><p>模拟的正文部分</p>
18      <p>模拟的正文部分</p><p>模拟的正文部分</p><p>模拟的正文部分</p>
19      <p>模拟的正文部分</p><p>模拟的正文部分</p><p>模拟的正文部分</p>
20      <p>模拟的正文部分</p><p>模拟的正文部分</p><p>模拟的正文部分</p>
21   </body>
22   </html>
```

ID 取名为 bookmarker 的< div >作为要固定位置的悬浮提示的包裹容器。它的内容是一幅图片，但图片上有 3 处可以点击，其中有"×"号、二维码图像和文字链接。

（2）修改代码，为 bookmarker 容器添加内容。

```
1   < div id = "bookmarker">
2       < div id = "bookmarkerBg">图片作为背景</div>
3       < div id = "bookmarkerClose">叉</div>
4       < a target = "_blank" href = " # ">二维码</a>
5       < a target = "_blank" href = " # ">扫描下载客户端< br>
6   掌上订阅更方便</a>
7   </div>
```

此时代码运行的结果如图上机 7-12 所示。

图上机 7-12　模拟界面

（3）查看作为背景的图片文件的属性，得知图片的原始尺寸为 125 * 248 像素。基于这个数据设置 bookmarkerBg 和 bookmarker 的样式属性。修改 CSS 代码如下。

```
1    #bookmarker{
2            border:1px solid gray;
3            width:125px;
4            height:248px;
5    }
6    #bookmarkerBg{
7            background-image:url("bookmark.png");
8            width:125px;
9            height:248px;
10   }
```

（4）对 bookmarker 设置固定定位。

```
1    #bookmarker{
2            border:1px solid gray;
3            width:125px;
4            height:248px;
5            position:fixed;
6            left:1144px;top:240px;
7    }
```

代码运行如图上机 7-13 所示。

图上机 7-13　实现定位

（5）名为 bookmarkerClose 的 div 应定位到背景图像中的叉处。修改 CSS 样式代码，添加 bookmarkerClose 的 ID 选择器，为方便观察可以为它临时加上边框。

```
1    #bookmarkerClose{
2            border:1px solid gray;
3            width:13px;height:12px;
4            overflow:hidden;
5            position:absolute;
6            left:107px;top:5px;
7            cursor:pointer;
8    }
```

此时 bookmarkerClose 对应的 div 定位到了图像中的叉处,鼠标移上去之后有显示效果。

(6) 同理,添加名为 bookmarkerCodeImage 和 bookmarkerLinkText 的 ID 选择器,为这两个链接定位,代码如下。

```
1  # bookmarkerCodeImage{
2          border:1px solid gray;
3          display:block;
4          position:absolute;
5          width:50px;
6          height:50px;
7          top:110px;left:37px;
8  }
9  # bookmarkerLinkText{
10         font - size:12px;
11         display:block;
12         position:absolute;
13         width:88px;
14         overflow:hidden;
15         top:190px;
16         left:22px;
17 }
```

代码运行如图上机 7-14 所示。

(7) 最后对整个文档的内容进行整理,去除不必要的文字和边框,最后时限的效果如图上机 7-15 所示。

图上机 7-14　模拟提示链接定位　　　　图上机 7-15　最终效果

第 2 阶段　练习

练习　模拟职能类别选择器

问题

前程无忧的职位搜索栏目中,可以按职能类别搜索职位,如图上机 7-16 所示。

图上机 7-16   职位搜索器

单击职能类别右边的"＋"按钮,将弹出职能类别列表,覆盖在网页正文的上方,如图上机 7-17 所示。

图上机 7-17   弹出职能类别列表

请模拟相关内容,实现职能类别列表的隐藏和定位。

提示

请参考指导 1 的思路和步骤,使用 position 和 display 属性来实现定位和隐藏。

上机8

CSS实现典型布局

上 机 任 务

➤ 任务1　实现多行多列的复杂布局
➤ 任务2　模拟构建网站
➤ 任务3　练习实现典型局部布局

第1阶段　指导

指导1　实现多行多列的复杂布局

完成本任务所用到的主要知识点：

➤ margin 属性
➤ float 属性

问题

结合本章所学内容，实现如图上机 8-1 所示的布局。

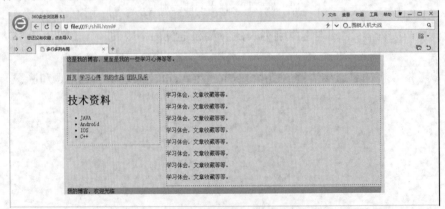

图上机 8-1　多行多列布局

分析

分析页面整体的结构可以发现,这是一个 4 行 2 列的结构。各个内容区块之间的嵌套关系如图上机 8-2 所示。

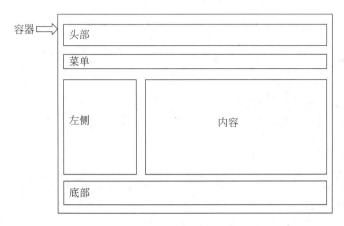

图上机 8-2 整体布局结构

解决方案

(1) 创建 HTML 页面,编写 HTML 部分代码。

```
1   <!DOCTYPE html PUBLIC " - //W3C//DTD XHTML 1.0 Strict//EN"
2       "http://www.w3.org/TR/xhtml1/DTD/xhtml1 - strict.dtd">
3   <html>
4     <head>
5       <title>多行多列布局</title>
6       <style type = "text/css">
7
8       </style>
9     </head>
10    <body>
11      <div id = "divContainer">
12        <div id = "divHeader"> Header </div>
13        <div id = "divMenuBar"> divMenuBar </div>
14        <div id = "divMain">
15          <div id = "divSideBar"> SideBar </div>
16          <div id = "divContent"> Content </div>
17        </div>
18        <div id = "divFooter"> Footer </div>
19      </div>
20    </body>
21  </html>
```

(2) 为了避免<body>、<div>等元素的内外边距的默认值在不同浏览器中存在差异造成的麻烦,先将这两种标签的内外边距都设置为 0px,编写 CSS 代码如下。

```
1   body,div{
2       margin:0px;
```

```
3        padding:0px;
4        font - size:1em;
5    }
```

（3）给最外层的容器定义样式规则，设置宽度、水平居中和合适的背景色。

```
1    #divContainer{
2        width:960px;
3        margin:0px auto;
4        background - color:#E9EEF2;
5    }
```

代码运行如图上机 8-3 所示。

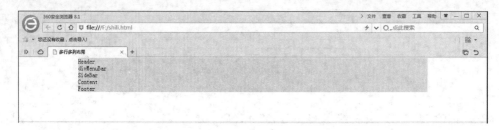

图上机 8-3　页面结构未完成版

（4）给顶部 div 和菜单 div 定义样式规则，设置宽度为 940px，水平居中，上下外边距为 5px，还有合适的背景色和高度。

```
1    #divHeader{
2        width:940px;
3        height:60px;
4        margin:5px auto;
5        background - color:#abcdef;
6    }
7    #divMenuBar{
8        width:940px;
9        height:30px;
10       margin:5px auto;
11       background - color:#fedcba;
12   }
```

代码运行如图上机 8-4 所示。

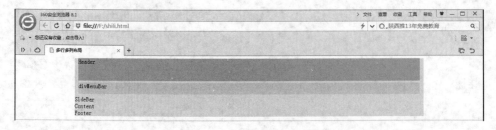

图上机 8-4　设置顶部和菜单 div 的样式

（5）给 divMain 和 divFooter 定义样式规则。

```
1    #divMain{
2         width:940px;
3         margin:0px auto;
4    }
5    #divFooter{
6         width:940px;
7         margin:5px auto;
8         background-color:#abcabc;
9    }
```

代码运行如图上机 8-5 所示。

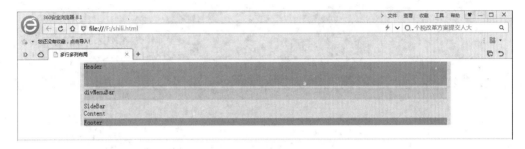

图上机 8-5　设置主体和底部 div 的样式

（6）给 divSideBar 和 divContent 分左右两栏。

```
1    #divSideBar{
2         border:1px dashed blue;
3         width:280px;
4         float:left;
5    }
6    #divContent{
7         border:1px dashed green;
8         margin-left:300px;
9    }
```

代码运行如图上机 8-6 所示。

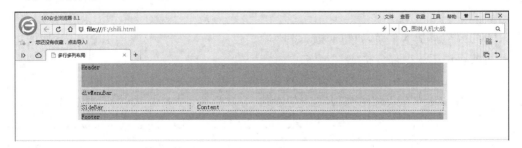

图上机 8-6　SideBar 和 Content 进行分栏

现在可以向网页中填充一些自己喜欢的内容了。

指导 2　模拟构建网站

完成本任务所用到的主要知识点：

➢ margin 属性

➢ float 属性

➢ clear 属性

问题

我们开始规划网站，以图上机 8-7 为例构建网站。

图上机 8-7　构建网站

分析

首先分析其基本布局，如图上机 8-8 所示。

主要由以下 5 个部分构成。

（1）Main Navigation 导航条，具有按钮特效。Width：760px；Height：50px。

（2）Header 网站头部图标，包含网站的 logo 和站名。Width：760px；Height：150px。

（3）Content 网站的主要内容。Width：480px；Height：Changes depending on content。

（4）Sidebar 边框，一些附加信息。Width：280px；Height：Changes depending on content。

（5）Footer 网站底栏，包含版权信息等。Width：760px；Height：66px。

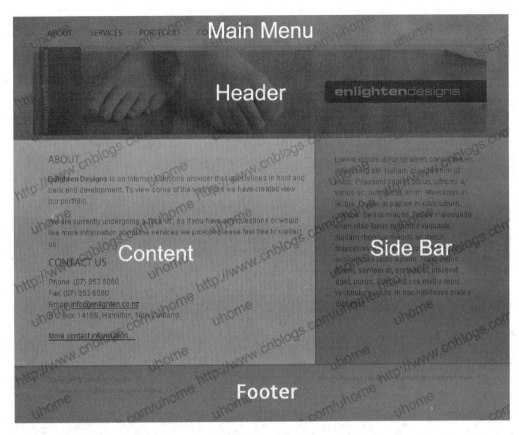

图上机 8-8　基本结构

解决方案

(1) 创建 HTML 网页,将 5 个部分都放入到盒子中。

```
1  <!DOCTYPE html PUBLIC " - //W3C//DTD XHTML 1.0 Strict//EN"
2      "http://www.w3.org/TR/xhtml1/DTD/xhtml1 - strict.dtd">
3  <html>
4    <head>
5      <title>多行多列布局</title>
6      <style type = "text/css">
7
8      </style>
9    </head>
10   <body>
11     <div id = "page - container">
12       <div id = "main - nav">Main Nav</div>
13       <div id = "header">Header</div>
14       <div id = "sidebar - a">Sidebar A</div>
15       <div id = "content">Content</div>
19       <div id = "footer">Footer</div>
20     </div>
21   </body>
22 </html>
```

（2）给最外层的容器设置样式。

```
1    # page - container {
2        width: 760px;
3        margin: auto;
4    }
```

（3）现在可以看到盒子和浏览器的顶端有8px宽的空隙。这是由于浏览器的默认的填充和边界造成的。消除这个空隙，就需要在CSS文件中写入。

```
1    * {
2        margin: 0;
3        padding: 0;
4    }
```

（4）为了将5个部分区分开来，将这5个部分用不同的背景颜色标示出来，编写CSS代码：

```
1    # main - nav {
2            background: red;
3            height: 50px;
4    }
5    # header {
6        background: blue;
7        height: 150px;
8    }
9    # sidebar - a {
10        background: darkgreen;
11    }
12   # content {
13        background: green;
14   }
15   # footer {
16        background: orange;
17        height: 66px;
18   }
```

代码运行如图上机8-9所示。

（5）首先让边框浮动到主要内容的右边，用CSS控制浮动。

```
1    # sidebar - a {
2            float: right;
3            width: 280px;
4            background: darkgreen;
5        }
```

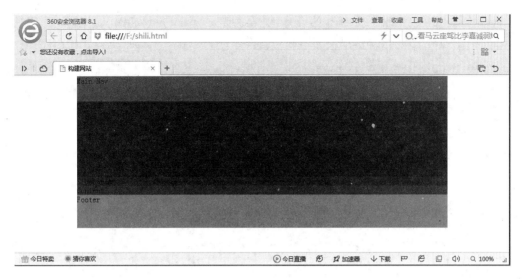

图上机 8-9　给 div 上色

（6）往主要内容的盒子中写入一些文字。在 HTML 文件中写入：

```
1    < div id = "content">
2      Lorem ipsum dolor sit amet, consectetuer adipiscing elit. Nullam gravida enim ut risus.
3    Praesent sapien purus, ultrices a, varius ac, suscipit ut, enim. Maecenas in lectus. Donec in
4    sapien in nibh rutrum gravida. Sed ut mauris. Fusce malesuada enim vitae lacus euismod
5    vulputate. Nullam rhoncus mauris ac metus. Maecenas vulputate aliquam odio. Duis scelerisque
6    justo a pede. Nam augue lorem, semper at, porta eget, placerat eget, purus. Suspendisse
7    mattis nunc vestibulum ligula. In hac habitasse platea dictumst.
8    </div >
```

代码运行如图上机 8-10 所示。

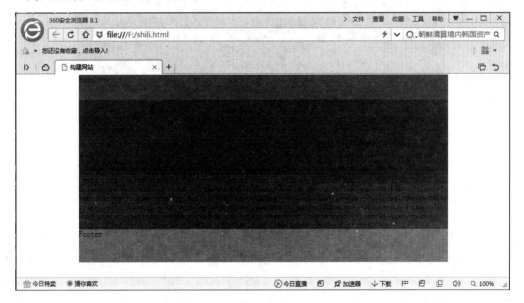

图上机 8-10　向右浮动

（7）但是可以看到主要内容的盒子占据了整个 page-container 的宽度，需要将 #content 的右边界设为 280px，以使其不和边框发生冲突。CSS 代码如下。

```
1   # content {
2       margin - right: 280px;
3       background: green;
4   }
```

同时往边框里写入一些文字。在 HTML 文件中写入：

```
1   < div id = "sidebar - a">
2   Lorem ipsum dolor sit amet, consectetuer adipiscing elit. Nullam gravida enim ut risus.
3   Praesent sapien purus, ultrices a, varius ac, suscipit ut, enim. Maecenas in lectus. Donec
4   in sapien in nibh rutrum gravida. Sed ut mauris. Fusce malesuada enim vitae lacus euismod
5   vulputate. Nullam rhoncus mauris ac metus. Maecenas vulputate aliquam odio. Duis scelerisque
6   justo a pede. Nam augue lorem, semper at, porta eget, placerat eget, purus. Suspendisse
7   mattis nunc vestibulum ligula. In hac habitasse platea dictumst.
8   </div >
9
10
```

代码运行如图上机 8-11 所示。

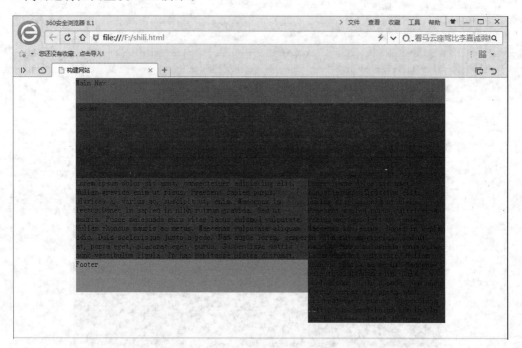

图上机 8-11　添加内容并设置宽度

（8）这也不是我们想要的，网站的底框跑到边框的下边去了。这是由于我们将边框向右浮动，由于是浮动，所以可以理解为它位于整个盒子之上的另一层。因此，底框和内容盒子对齐了。因此往 CSS 中写入：

```
1  # footer {
2      clear: both;
3      background: orange;
4      height: 66px;
5  }
```

代码运行如图上机 8-12 所示。

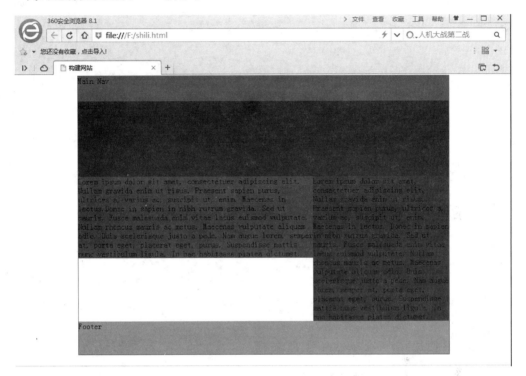

图上机 8-12　清除浮动

现在可以向网页中填充一些自己喜欢的内容了。

第2阶段　练习

练习　实现典型的局部布局

问题

完成图上机 8-13 所示淘宝导航页面。

图上机 8-13　div-ul-li 典型局部布局

提示

该布局使用了 div-ul-li 典型布局，文字前面的图片使用背景偏移技术。

上机9

使用Dreamweaver制作网页

上 机 任 务

➢ 任务1　使用 Dreamweaver 创建表格
➢ 任务2　使用 Dreamweaver 创建表单和表单元素
➢ 任务3　使用 Dreamweaver 创建网页

第1阶段　指导

指导1　使用 Dreamweaver 创建表格

完成本任务所用到的主要知识点：

➢ Dreamweaver 中表格的使用

问题

为网站制作用户注册页面，考虑到注册表单包含的表单元素较多，所以采用表格进行布局，结果如图上机 9-1 所示。

解决方案

（1）启动 Dreamweaver，新建网页 login. html 并打开这个网页。

（2）在"插入"面板中选择"常用"→"表格"，如图上机 9-2 所示。

（3）单击"表格"，在弹出的表格对话框中填写表格信息，如图上机 9-3 所示。

（4）单击"确定"按钮，将在设计视图中看到刚插入的表格，如图上机 9-4 所示。

（5）拖动鼠标选择第一行的 3 个单元格，在"属性"面板中单击"合并"按钮，按同样的方法合并最后一行的 3 个单元格，如图上机 9-5、图上机 9-6 所示。

（6）将光标放置在第一行的单元格中，在"属性"面板中找到水平选项，设置为居中对齐，如图上机 9-7 所示。

图上机 9-1　效果图

图上机 9-2　插入表格

图上机 9-3　"表格"对话框

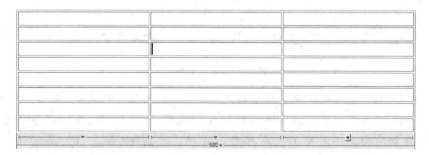

图上机 9-4　插入表格结果

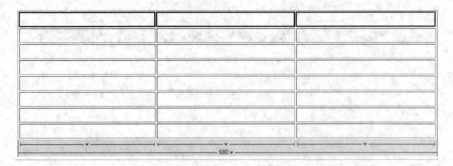

图上机 9-5　没拆分前

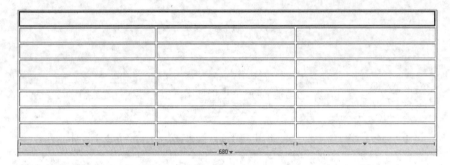

图上机 9-6　拆分后

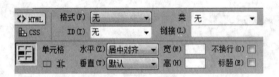

图上机 9-7　单元格属性

（7）按同样的方法设置最后一行单元格水平居中对齐，结果如图上机 9-8 所示。

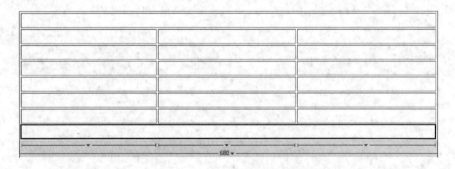

图上机 9-8　单元格水平对齐

（8）在第一列的各个单元格中依次输入各个表单元素的提示文字，如图上机 9-9 所示。

（9）此时发现这个表格实际上不能满足我们的要求，因为我们在建表的时候少建了两行，现需要增加两行。将光标放置在任意单元格。单击"状态栏"的"标签选择器"中的"table"按钮选择整个表格，如图上机 9-10 所示。

图上机 9-9 表单元素的提示文字

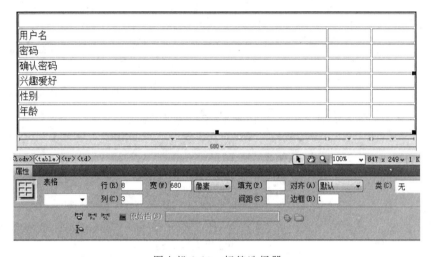

图上机 9-10 标签选择器

（10）将"属性"面板中的行改成 10 行，如图上机 9-11 所示。

图上机 9-11 为表格增加行

（11）按回车确定修改，此时表格已经被修改为 10 行，如图上机 9-12 所示。

用户名		
密码		
确认密码		
兴趣爱好		
性别		
年龄		

图上机 9-12 为表格增加行

（12）将光标放置在倒数第三行中，单击"属性"面板中的"拆分"按钮，如图上机 9-13 所示。

用户名		
密码		
确认密码		
兴趣爱好		
性别		
年龄		

图上机 9-13　拆分单元格

（13）在弹出的对话框中设置拆分为 3 列，如图上机 9-14 所示。

图上机 9-14　"拆分单元格"对话框

（14）单击"确定"按钮后结果如图上机 9-15 所示。

用户名		
密码		
确认密码		
兴趣爱好		
性别		
年龄		

图上机 9-15　拆分单元格结果

（15）可以发现拆分后的 3 个单元格的对齐方式为水平居中对齐，因此需要修改成左对齐。拖动鼠标选中这个 3 个单元格，在"属性"面板中设置水平为左对齐，如图上机 9-16 所示。

（16）按照同样的方法将倒数第二行拆分为 3 个单元格，并修改它们的水平对齐方式为左对齐，继续输入其他提示文字，结果如图上机 9-17 所示。

（17）在第一行中输入用户注册后，在"属性"面板中找到颜色背景，单击"色板"，如图上机 9-18 所示。

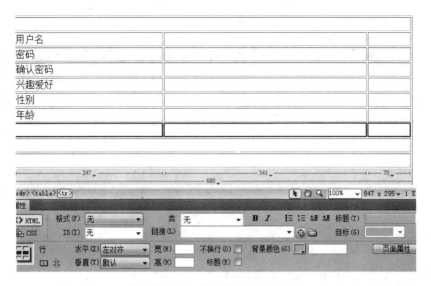

图上机 9-16　设置单元格对齐方式

图上机 9-17　表单元素提示文字

图上机 9-18　属性面板设置背景颜色

（18）单击喜欢的颜色，最后结果如图上机 9-19 所示。

用户名		
密码		
确认密码		
兴趣爱好		
性别		
年龄		
工作经历		
上传文件:		

图上机 9-19　单元格背景颜色

指导 2　使用 Dreamweaver 创建表单及表单元素

完成本任务所用到的主要知识点：

➤ Dreamweaver 中表单和表单元素的使用

问题

按照指导 1，插入表格和表单元素的使用，完成注册页面。

解决方案

（1）单击"文档"工具栏中的"拆分"视图按钮，确保可同时看到设计界面和代码，如图上机 9-20 所示。

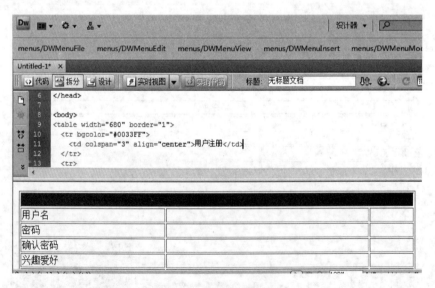

图上机 9-20　拆分视图

（2）在代码中，将光标放置在< table >标签开始前，按回车键，手工编写表单标签的开始标记，如图上机 9-21 所示。

（3）按照同样的方法，在</table>标签结束后，补齐表单标签的结束标记，如图上机 9-22 所示。

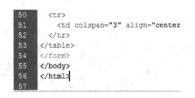

图上机 9-21 手工编辑代码 1   图上机 9-22 手工编辑代码 2

（4）将光标放置在"用户名"右侧的单元格中，在"插入"面板的"表单"中，单击"文本区域"，如图上机 9-23 所示。

（5）在弹出的"输入标签辅助功能属性"对话框中直接单击"取消"按钮，如图上机 9-24 所示。

图上机 9-23 插入文本字段   图上机 9-24 "输入标签辅助功能属性"对话框

（6）按同样的方法，在"密码"和"确认密码"右侧的单元格中插入文本字段，如图上机 9-25 所示。

用户名		
密码		
确认密码		
兴趣爱好		
性别		
年龄		

图上机 9-25 插入文本字段

（7）选中"密码"右侧的文本框，在"属性"面板中将它的"类型"修改为密码，如图上机 9-26 所示。

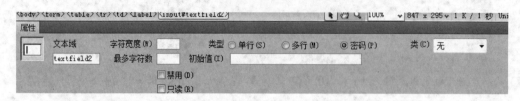

图上机 9-26　修改属性类型

（8）将光标放置在"爱好"右侧的单元格中，单击"插入"面板中的"复选框组"，在弹出的"复选框组"对话框中添加复选框，如图上机 9-27 所示。

图上机 9-27　插入复选框

结果如图上机 9-28 所示。

用户注册		
用户名		
密码		
确认密码		
兴趣爱好	☐ 运动 ☐ 音乐 ☐ 阅读 ☐ 书法	
性别		
年龄		
工作经历		

图上机 9-28　插入复选框结果

（9）在"性别"右侧的单元格中单击"插入"面板中的"单选按钮组"，在弹出的"单选按钮组"对话框中添加单选按钮，如图上机 9-29 所示。

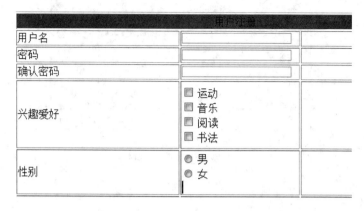

图上机 9-29　插入单选按钮组

（10）选中第一个单选按钮，在"属性"面板中设置名称为"sex"，值为"mn"，如图上机 9-30 所示。

（11）同样的方法，设置另一个单选按钮的名称也为"sex"，但是值为"woman"，如图上机 9-31 所示。

图上机 9-30　单选按钮的名称和值 1

图上机 9-31　单选按钮的名称和值 2

（12）在年龄右侧的单元格中单击"插入"面板中的"列表/菜单"，就可以插入下拉列表了，然后选中列表框，在"属性"面板中单击"列表值…"按钮，如图上机 9-32 所示。

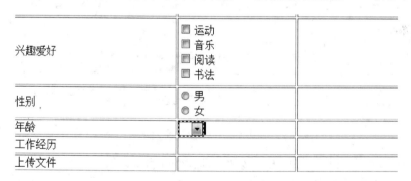

图上机 9-32　插入下拉列表

（13）在弹出的"列表"对话框中添加选项，单击"确定"按钮，如图上机 9-33 所示。

（14）将光标放置到工作经历的右侧的单元格中，单击"插入"面板中的"文本区域"，可以在单元格中插入文本区域，效果如图上机 9-34 所示。

（15）将光标放置到上传文件的右侧的单元格中，单击"插入"面板中的文件域，可以创建文件域。效果如图上机 9-35 所示。

（16）在最后一行中插入两个按钮。

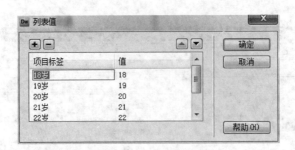

图上机 9-33　编辑列表值

图上机 9-34　插入文本区域

图上机 9-35　插入文件域

（17）在"属性"面板中，将第二个按钮的动作修改为重设表单，如图上机 9-36 所示。

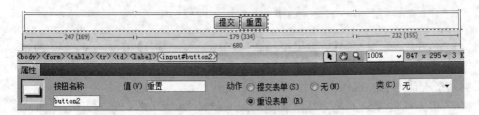

图上机 9-36　设置按钮动作

(18) 保存文档,将在浏览器中看到网页的测试结果,如图上机9-37所示。

图上机 9-37　测试最后结果

第2阶段　练习

练习　使用 Dreamweaver 创建页面

问题

将第 3 章的上机部分的指导和练习改用 Dreamweaver 实现。

上机10

使用Dreamweaver
管理样式和模板

上 机 任 务

➤ 任务1　使用 Dreamweaver 创建样式
➤ 任务2　使用 Dreamweaver 创建模板

第1阶段　指导

完成本任务所用到的主要知识点：

➤ Dreamweaver 中使用样式

问题

将所编写的 CSS 样式规则创建为一个独立的 CSS 文件，以后编写网页时可以链接这个外部样式表文件。

分析

使用 Dreamweaver 可以创建 CSS 文件，而且编写 CSS 代码时有代码提示和自动补全功能。

解决方案

启动 Dreamweaver，执行"文件"→"新建"命令。

在"新建文档"对话框中，选择"空白页"，在"页面类型"中选择"CSS"，单击"创建"按钮，如图上机 10-1 所示。

及时保存好自己的 CSS 文件。

在代码编辑时，定义所需要的 HTML 标签选择器、类选择器、编写样式规则。在输入"{"（左大括号）时及每次回车时，Dreamweaver 总会弹出 CSS 属性提示列表，只要在其中选择即可，也可以输入属性名称的前几个字母，Dreamweaver 会自动匹配到相应的属性，确认

图上机 10-1　新建 CSS 文件

无误时按回车键，Dreamweaver 将自动补齐这个属性名称。

使用 CSS 文件时可参见理论知识所讲，在< head >标签内添加< link >标签。

第2阶段　练习

练习　使用 Dreamweaver 创建模板

问题

使用 Dreamweaver 的模板机制重构你的个人网站。

提示

具体步骤参考第 10 章。